有家就要好好住

好好住 著

中信出版集团 | 北京

图书在版编目（CIP）数据

有家就要好好住 / 好好住著. -- 北京：中信出版社，2019.9（2023.3重印）
ISBN 978-7-5217-0619-2

Ⅰ. ①有… Ⅱ. ①好… Ⅲ. ①住宅－室内装饰设计
Ⅳ. ① TU241

中国版本图书馆 CIP 数据核字（2019）第 097199 号

有家就要好好住

著　　者：好好住
出版发行：中信出版集团股份有限公司
（北京市朝阳区东三环北路27号嘉铭中心　邮编　100020）
承 印 者：北京尚唐印刷包装有限公司

开　　本：880mm×1230mm　1/32　　印　　张：11.5　　字　　数：150 千字
版　　次：2019 年 9 月第 1 版　　印　　次：2023 年 3 月第 7 次印刷
书　　号：ISBN 978-7-5217-0619-2
定　　价：69.00 元

序言一

时隔两年，当我们决定对上一本书进行再版创作时，“好好住”团队内心充满激动与忐忑。

我们的激动在于，这本书的第一版让我们清楚地看到，一家互联网公司、一个专注于家居装修的社区平台，可以对内容进行高度精简化、专业化、体系化的梳理，最终输出成一本书，帮助初次面对装修的读者解决入门难题；我们看到，互联网社区与纸质图书，在这个问题上毫不违和，反而相辅相成。而我们的忐忑在于，“好好住”团队很清楚，“中信”团队也很明确，再版意味着要有大量全新内容，要更优化、更合理、更易读，做过第一版，我们深知这背后工作量之巨。

毫不犹豫，立即开动。

这本书的第一版，我们花了超过一年的时间筹备，而这次再版，从立项到截稿，也足足经历了一年。从结构规划到排版设计，从图片选择到文字编辑，我们都做了大规模修订、优化、升级。

本版最为亮眼的升级之处，是我们针对“图表”进行的全面优化和增改。本书主要讲解家居装修，专业度极高且逻辑复杂，而读者又大多初次经历装修，这为其理解带来了巨大难度。我们与多名行业专家进行深度讨论，反复修改调整，最终在本版内容中增加了大量图表，以期降低非专业人士的认知成本。

相较于第一版，本版进行了包含但不限于如下内容的优化：

- 我们邀请数位经验丰富的室内设计师、建筑师，对装修前的准备工作进行了

“务实”（装修流程）和“务虚”（需求、动线）的全盘讲解；

- 全书超过 30% 的内容是完全新增的，而所保留的上一版的部分内容中，也有超过 70% 做了更新优化；
- 重新梳理内容逻辑及框架，让信息传达效率更高；
- 根据最新的家居装修趋势，增加了热门和先锋的材质与做法；
- 基于我们对中国人生活方式的观察，增加了新的居住观念；
- 在图表方面，我们更新了“装修流程”图表的视觉设计；
- 由于近两年请设计师做家居设计的用户越来越多，我们又新增了“有设计师参与的装修流程”的讲解图表；
- 基于我们对装修难点的观察，新增了墙面贴砖、涂漆、贴壁纸、地面铺砖、铺地板这 5 个方面的施工流程图；
- 新增了“全屋系统”的水路、电路、采暖、收纳规划、定制家具 5 个方面的思维导图；
- 我们发现越来越多的中国人开始关注厨房设计的便利性问题，基于此，本书新增了“厨房科学动线布局示意图”；
- 重构了“空间”部分的逻辑顺序，增设每类空间的细分收纳和照明章节；
- 全书的 417 张图片中，有 302 张是新图，新图占比高达近 75%。

在此，我想对“好好住”App（手机应用）的用户再次表达我们最真诚的感谢。

正是你们的热情分享，才得以让千百万中国人通过“好好住”App 去设计、规划自己的新家，让“看中国人的家、设计中国人的家”得以成为现实。我们更要向本书所涉及的近 400 位“好好住”用户表示特别感谢，感谢你们提供了使用授权，让你们装修的家、你们拍摄的图片得以帮助更多的读者。

特别感谢参与本书写作、修订、审读的各位行业专家，你们的专业与专注，让这本书变得更加严谨、求实。我也相信，你们对千百万中国普通人解决装修问题的帮助，也将借由本书得以传播。

感谢参与本书编写制作的“好好住”团队，为了这本书，他们从“好好住”平台上的数百万张图片中筛选出数百张图，几乎是万里挑一，更艰难的是，由于“好好住”团队一以贯之地尊重用户的图片版权，他们要与数百位用户做一对一沟通，获得使用授权，签订相关协议，这背后巨大的工作量，是常人难以想象的。

最后，感谢中信出版社“24 小时工作室”，你们 24 小时在线的工作热情、审慎苛刻的专业态度，为我们完成这本书提供了巨大帮助，也给了我们极大的成书信心。感谢中信出版集团艺术总监艾藤女士，亲自设计了本书的封面、对版式设计做了全面把控，让一本涉及专业内容的图书的阅读变得如此愉悦。

在当下的中国，每年有超过 2 000 万套房屋产生装修需求，这是一个万亿级别的重量级消费市场。而中国每年有近千万对新婚夫妻，他们中的绝大多数，都是从未经历过装修的年轻人。面对一套四白落地的毛坯房，或一套陈旧破损的二手房，我们深知他们充满困惑与焦虑，在几个月的时间内，花费数十万元，完成艰难、复杂的装修工作，对于一个非专业人士而言，其难度可想而知。“好好住”也希望通过我们的 App 以及我们的系列图书，帮助更多普通中国人尽可能轻松愉悦地完成装修，拥有自己梦想中的新家。

我们希望这本书，能成为开启你美好居住生活的一把钥匙。而你借由这本书建造的那个家，将伴你未来的每一天。

对于我们而言，这是最佳的陪伴方式。

“好好住”创始人

2019 年 8 月

序言二

一家互联网公司出书，这是我们打算做的一件正经事儿。

“好好住”的第一本书，应该是什么内容？

关于这个问题，我们曾有无数想法：做一本 fancy（华丽）的书吧，或者一本令人称奇的书，至少也是值得人收藏一辈子的书……但最后的最后，我们决定，做一本踏踏实实讲装修入门的书，不求它超乎想象，也不求你会把它一辈子留在身边，我们的期望很简单：希望它能为你解决关于装修的入门难题，让它帮助你迈出建设新家的第一步。

我坚信，最高效学习一件相对专业复杂的事的方法，是读书。我们也相信，一切真正富有价值的美好，都是基于对实际需要的满足。这就是为什么我们做了这本书。这是“好好住”亘古不变的做事原则，也是我们一直秉持的极简心态。

然而，把一件看似基础的事做好，并非易事。起步时充满美好的憧憬，却总是无法预期此后路上的艰难。装修如此，做一本书也如此。

自 2014 年“好好住”在微信公众号上发布第一篇文章开始，关于装修、家居，我们做过上千个选题、撰写过上百万字、数十万“好好住”用户发布分享过超过 100 万张图片……从这些海量素材中，取舍并确定这本书的内容，是一件艰难的事。

首先，我们从一名小白装修用户角度出发，确定了完全不懂装修的人高效了解这件事的认知逻辑顺序；然后，将“好好住”平台上产生的海量内容，从数据角度做了正向排序，甄选了最受关注、对用户最有价值的内容，包括选题、文字和图片；接着，我们将这些甄选出来的内容，按照之前预设的内容框架开始填充编辑，让有限的内容尽可能地满足初次装修者的认知需要；最后，出于对每一张图片版权的尊重，我们向这本书中所引用图片的数百位“好好住”用户发出了使用授权许可；最后的最后，我们邀请了两位在家居设计领域拥有超过 10 年丰富经历的室内设计师，全面审核了全书书稿，从专业与实际操作角度，确保内容的严谨与可靠。

这本书的所有内容，都来自“好好住”用户的真实分享。

近 1 年的时间中，由策划到成书，从“好好住”的编辑到出版社的编辑，从参与本书内容的“好好住”用户到审核内容的特邀室内设计师、专业律师，有超过 500 个人为这本书付出了辛劳和信任。这件事的复杂程度远大于我们曾经的预想，感谢上述每一位参与者坚定的支持。

如同我们对“好好住”的预期，我们希望这本书，能成为开启你美好居住空间的一把钥匙。而你因这本书而获得的那个家，将伴你未来的每一天。

对我们来说，这是陪伴的最佳方式。

“好好住”创始人

2017 年 9 月

创作团队

冯驌

吴偌萌

齐晓华

洪杉

陈敏

姜波拉

康立军（专业审校）

目
录

1

关于装修，你需要知道的事

2

硬装的硬核指南

3

空间的魔法

4

诗意居住：从理想的样子到触手可及

1

关于装修，你需要知道的事

装修前应该做哪些准备
如何装修一个家
装修有哪些流程
装修要不要请设计师
做好准备再装修
装修要花多少钱

装修前应该做哪些准备

装修前，列出你的“烦恼清单”

装修前应该做哪些准备？这是五六年来，我被问得最多的一个问题。针对这个问题，我可以列出一个长长的清单：

确定找不找设计师
寻找靠谱的施工队
下载“好好住”App
算清楚一共有多少钱可以用于装修与购买家具家电
计划好时间，为装修留足时间，“仓促”是装修时最大的雷区
……

而实际上，许多专业领域的问题，都应该尽量交给专业的人去解决：好的设计师、好的施工队、好的监理公司。但是除了你自己，任何专业人士都无法帮助你解决的一个问题，就是你到底想住在一个怎样的家里。

列出你的“烦恼清单”吧。

记住，没有人是你肚子里的蛔虫，哪怕是世界上最棒的设计师，也无法了解你的所有装修需求。

所以，在装修前，你最应该做的准备是充分了解自己，以及未来与你同住的那个（那些）人，了解你们对“家”与“居住”的所有“无法接受”与“期待”的地方。

现在，不如让我们抛开一切复杂、刁钻、晦涩的专业问题，做一件非常简单的事：找出一张纸，或在电脑（手机）里打开一个文档，和即将与你同住的那个（那些）人，一起回忆一下你们现在以及曾经住过的每一个家（房子），写下在过往的居住过程中最让你感到不快、无法接受的经历。答应我，一定要拿出至少一周的时间，

反复回忆、思考、讨论，一条条把它们记下来。最后，你所得到的就是你在未来的家里一定要避免的事，这就是你的居住“烦恼清单”。无论这些“不快”发生在多少个不同的房子里，都是在你未来的家中要避免的。

举个例子，在我装修之前，我的“烦恼清单”中有 49 项，其中有：

屋里有怪味，但又不能整日开窗通风，怕灰太大。
家里的角落总堆满大中型物件，诸如吸尘器、未开封的猫砂、行李箱等。
非常讨厌在阳台或窗前晾衣服，真的不能接受在阳光最好的地方挂满衣服。
我真的不需要一个独立的厨房，因为多年来一个月也做不了一次饭。
不喜欢马桶与淋浴间安排在一起，早晨总会抢厕所。
……

当你把这个清单拿在手里，接下来要做的事，就是在你的新家装修规划中，一一避免这些问题。你可以自己想办法，也可以寻求专业人士的帮助，总之，这份清单，将成为贯穿你新家装修设计的一个指南针。

竭尽所能制定与“烦恼清单”对应的“舒适清单”

继续看我的例子，针对上述清单，我与设计师经过反复讨论，有针对性地做出了如下规划方案：

破除万难，采用整屋新风系统。
无论如何，找一个角落规划一个独立储藏间。
使用烘干机，并且设置独立洗衣区。
取消独立厨房，使用开放式厨房。
采取三分离的卫生间设计，分离出独立马桶间与淋浴房。
……

以这种方式，你便可以完成你的“舒适清单”。

在制定新家规划前，上面的这些解决方案已经明确。下一步，就是将这些要点应用到新家装修规划中，把它们一一实现。

当然，由于户型与经济能力的限制，并非“烦恼清单”中的所有问题都可以得到解决，比如我的那 49 项中最终有 42 项得到了解决，还有 7 项成了遗憾。但当你做过这些努力时，你会发现，你已经最大限度地接近了你理想中的完美之家。而实际上，我现在这个家，入住近三年，所有让我感到舒适、幸福、快乐的地方，无一不是来自我所列举的“舒适清单”。

用 80% 的精力找到你的烦恼，用 20% 的精力设想你的期待

我相信，面对新家装修这个问题时，绝大多数人的第一反应，都是想知道“我喜欢什么”“我想要什么”“有哪些美好和趣味可以实现”。但当你非常实际地看待装修这件事时，你会发现，最大的功劳来自“尽可能解决你过往居住过程中的所有不快、不舒适”。

用 80% 的精力，去找到阻碍你舒适地居住的敌人。对美好的渴望是无止境的，但是许多美好并不能给你的真实居住体验带来实际上的改进。我们都知道，“锦上添花”永远都不如“雪中送炭”。

那么，如何用 20% 的精力设想你的期待呢?

这里同样为你提供一个非常实用的方法，如同之前列举的所有“不快”，这次试着来一一列举你所有想要实现的关于居住的梦想，注意，一定要结合你实际的居住习惯，而且最好是存在多年的梦想，而不是一时兴起的期望。列完后，一条一条地划掉，划到你不忍心再划（最好给自己一个限定，我当时限定的是只留 5 项）。然后进行下一步，结合实际户型、经济承受能力以及施工工艺，排除无法实现的事项。现在，还留在清单中的，就是值得你竭尽所能去实现的“梦想清单”。

而实际上，当时我的“梦想清单”中，只剩下了 2 项:

淋浴间再小，也要有一个浴缸。

做一个室内花池。

此时，这个“梦想清单”是你一定能实现，且一定值得你实现的、最迫切的梦想。

那么，义无反顾地去实现吧！

这就是我想给所有要面临装修问题的人的建议：从你过往的居住经历中，找到你与家人真正的需求。因为，再没有任何人，比你们更了解你们自己。

好的居住，让人时刻感到舒适、自如、方便。

好的设计，因为你的个体需求而产生。

你的家，不是为了给别人看，也不是为了随大流，而是为了你，和你的家人。

贡献者：冯驌
（“好好住”创始人）

如何装修一个家

选择最适合你的装修模式

实施装修的几种模式

STEP 1
设计阶段

屋主自行设计

价格： 0 元
优点： 有乐趣，有成就感。
缺点： 省钱不省心，试错成本高。

装修公司设计

价格： 0~200 元 / 米 ^{2}
优点： 平价、比较省心。
缺点： 设计风格相对大众化。

专业设计
独立设计师 / 设计工作室 / 设计事务所

价格： 由专业设计水平决定
优点： 根据家庭和房屋的情况“量身定制”，可以在最大程度上体现出设计的价值。
缺点： 设计师水平参差不齐。

图 1-1　设计和施工阶段的不同装修模式图

STEP 2
施工阶段

DIY（自己动手）简装

优点：可以进行简单的局部改造，或者在软装阶段，自己动手完成一些涂漆、布艺等简单的工作，省钱又有趣。
缺点：可以发挥的空间是有限的，对于未经过专业训练的人而言，很多工作难以上手，并且存在安全隐患。

装修公司承包

优点：风险低、省心，大型装修公司的业务量大，能达到应有的行业水平。
缺点：费用较高，不太能满足个性化要求，而且有很多限制条件，比如主辅材须从装修公司选购等。

工长个人承包

优点：性价比较高。
缺点：与个人合作风险较大，如果双方只是口头约定或合同不规范，一旦发生问题，屋主只能自行承担损失。

与独立设计师或设计工作室合作

优点：一些独立设计师和设计工作室通常有长期合作的专业施工队，能够在保障施工质量的同时满足个性化的需求。
缺点：需要额外支付设计费用。

选择清包、半包还是全包

关于清包、半包、全包的概念，不同地区、不同装修公司、不同人群的理解存在一定的差异。

清包

定义：多指清包工，即所有装修主材料、辅料均由屋主自己采购，承包方只提供人工和工具，多见于油工、瓦工部分。比如在油工部分，屋主负责购买乳胶漆、泥子、界面剂等，承包方只负责分派施工人员。再比如，瓦工往往只需携带工具，瓷砖、水泥、沙子，甚至锯片都需要由屋主自理。

优劣势分析：这种方式对屋主来说比较烦琐，不好控制成本，经常出现因为缺这少那而多次采购小件商品的情况。

适合人群：经验丰富或对装修材料有个性化要求的人群。

注意：采用清包工方式的多是自认为可以省钱的人群，而实际上，在大多数情况下，即便不考虑时间成本，这种方式也未必能比包工包料的方式节省开支。

半包

定义：半包的定义是最模糊的，它可以指现场制作项目包工包料，比如吊顶部分的报价包括了所有装修材料、辅料和人工费用，屋主无须自己采购；但非标准件，比如柜子把手、铰链、地漏，则多由屋主自理。或者指硬装部分的装修主材，比如瓷砖、水泥、砂浆和人工均由施工队提供，甚至一些内嵌灯具、把手、卫浴挂件都会包括在内，具体以双方约定为准。

优劣势分析：半包是最主流的装修施工方式。琐碎事宜无须自己料理，多数标准施工材料都由施工队提供，屋主可以更好地把控造价，也不容易出现施工队以材料问题为借口的扯皮现象，验收时以工种或项目类型、最终效果为主。若后续出现问题，保修方面的责任也好界定。

适合人群：精力有限但希望把控整体装修质量和效果的人群。

注意：在签约时，屋主一定要明确报价清单所包含的项目，比如材料的品牌、规格、等级等，以及每个装修项目在交付后是否还需要自己采购或额外支出费用等。

全包

定义：全包的定义并不统一，上述两种半包方式在一些地区或装修公司里有时也被称为全包。但毫无疑问的是，全包至少包括了现场制作部分的材料和人工费用。在大多数情况下，全包包括了以往由第三方提供的橱柜、其他定制柜体家具、木门、瓷砖、地板、洁具、灯具、开关插座面板、五金等部分，相当于硬装部分全部打包由一家公司提供。这种方式基本达到了屋主携带寝具、烹饪用具、个人用品即可入住的标准，即“拎包入住”。

优劣势分析：在这种方式中，屋主的参与度最低，虽然时间和精力的消耗较少，但限制很多，比如不能自行指定装修材料品牌，只能在提供商的供应范围内挑选等。即便是市面上常见的品牌，渠道不同也会导致其产品型号不同、价格不透明。对于提供商而言，该种方式的利润最高。所以，不少大型装修公司往往以套餐、主材包等模式提供。

适合人群：个性化要求低，不愿意参与过程，预算比较充裕的人群。

综上所述，三种方式各有利弊。屋主可根据自己的需求、偏好、精力、预算等因素，权衡选择。目前装修市场比较混乱，清包工和全包形式的“坑”无疑更多、更深，半包形式的自主性、灵活性、造价可控性几项指标比较均衡，当然也需要屋主做好一定的功课并投入时间和精力。

贡献者：SunLau
（独立设计师，从业时间超过 15 年）

装修有哪些流程

装修的流程烦琐、复杂，让很多人摸不着头脑。下文用一张图（见图 1-2），让装修流程一目了然。

装修要不要请设计师

我们在书上、网络上看到的很多居住案例，都会注明“出自设计师之手”。随着居住观念的转变，许多屋主也开始考虑在装修时聘请设计师，但往往又心存顾虑：设计师究竟能为自己做些什么？自己支付的设计费的价值在哪里？怎样找到靠谱的设计师……本节通过采访一些设计师和屋主，集中为大家解答关于设计师的问题。了解这些之后，屋主在找设计师的时候可以更有底气，能判断一个设计师或设计公司是不是对自己负责，花出去的钱是不是值得的，避免被“买装修送设计”的口号蒙蔽。

有设计师参与的装修流程是什么样的

有设计师参与的装修流程分为多个阶段，为了让屋主明白设计师在不同阶段所起的作用，我们用一张图来说明（见图 1-3）。

装修流程

贡献者：潘小阳
（太空怪人设计事务所主理人，专注室内设计十余年）

01

橱柜约尺

前期准备

造价预估&预算分配
规划功能布局
选择设计施工模式

◔ 时间不固定

02

拆除与新建

现场保护
拆除（视情况而定）
砌墙（如有需要）

◔ 7~15个施工日

03

水电工程

改造水电
安装窗、新风、地暖、中央空调

◔ 7~15个施工日

中期验收

04

瓦工

墙地面找平、回填
防水、闭水实验
贴砖
勾缝

◔ 7~15个施工日

门洞约尺
橱柜复尺
燃气改线
安装过门石

04、05
从保护成品的角度，规范的做法是瓦工的工作结束后，木工再进场。但在实际操作中，瓦工和木工的工期常有交叉并行的情况。

05

木工

吊顶
地台（如有）
造型墙（如有）

◔ 7~15个施工日

06

油工

墙面找方
基层处理
涂漆/贴壁纸
柜体装饰面喷漆（如有需要）

◔ 5~10个施工日

07

安装

厨卫主材
地板、踢脚线
窗台石
门、垭口、窗套
定制柜
暖气片（如有）
开关、插座、灯具

◔ 5~10个施工日

08

软装进场

图 1-2　装修流程图

有设计师参与的装修流程

贡献者：潘小阳

01

沟通意向

时间：屋主希望何时开始装修、何时入住等。

费用：设计费和装修预算等。

需求：初步沟通屋主的设想与偏好。

服务范围：除设计服务外，是否由设计师负责联系施工队，监理服务、建材与软装采买等。

08

施工图深化制作

设计师根据设计方案和行业标准，绘制翔实的施工图纸。

09

施工报价

屋主：对比报价和品质，选择合适的施工队。

设计师：向施工队提供并说明设计方案。

注：
这个流程反映的是当前（2019年）家居室内设计的常见做法。时间、地域的不同和未来技术的发展，可能导致流程的变化。

09
施工队是由设计师提供或推荐，还是由屋主自行聘请，应按照约定进行。设计师无论是否联系施工队，都应向施工队详细交底，并提供全套施工图纸。

图 1–3　有设计师参与的装修流程图

02

签订合同

双方就沟通事项达成一致后签订合同

03

沟通需求

屋主：提供喜欢的案例和图片给设计师做参考。

设计师：了解屋主的生活方式，剖析其偏好。

双方：基于屋主的设计需求和功能需求，分出主次，确认可行性。

04

现场勘测

屋主：提供平面图纸、房屋使用说明书等资料。

设计师：精确测量房屋的所有相关数据，包括朝向、外部景观、室内平面和立面尺寸，以及现场不可变更因素，如梁、柱、管井、水表、电箱等。

05

设计平面方案

根据房屋的客观情况和屋主的需求，设计师提供设计方案，屋主慎重思考，积极反馈，双方共同修改完善。

06

设计深化

在平面方案基础上，设计师结合对屋主生活方式的剖析和功能需求的分析重组，设计墙、顶、地和定制柜体等硬装部分的表现形式，协助屋主选用合适的建材。

07

效果图制作

设计师根据最终的设计深化内容，制作能够清楚地表示空间效果的图片，直观地展示设计方案。屋主据此给出反馈，以供设计师进行调整。

10

现场施工

屋主：根据施工进度采买建材。

设计师：日常走访现场，在关键节点上向施工队说明设计方案和细节。

11

家具软装

设计师：根据设计方案提供选型建议、尺寸范围，如有约定，陪同屋主选购。

屋主：依据施工进度选购家具、家纺等软装产品。

12

摆场验收

设计师：现场指导安装人员进行产品摆放。

屋主：安排软装安装人员配合设计方工作。

双方：共同完成最终的验收确认，如有约定，由设计师安排摄影师现场拍照存档。

06、10
在软装设计环节，不同设计师、设计机构的做法可能不同。有些会在设计深化环节将硬装和软装作为整体来进行设计，有的会先进行硬装设计，在硬装施工的同时设计软装方案。两种做法没有绝对的优劣之分。

10、11、12
设计师是否负责施工监理，是否建议或陪同采买建材、软装，应按照合同约定进行。

关于设计师，你最关心的问题

问题 1：设计师会为屋主提供怎样的服务？

贡献者：史宁

（上海本墨设计联合创始人）

独立设计师回答：

专业的设计过程一般分为三个阶段：概念方案设计、扩初设计和施工图设计。

在概念方案设计阶段，设计师会提供项目风格定位、设计概念介绍、平面规划及功能介绍、主要出入口及动线初步规划、概念参考效果图等服务。我们会将这些内容归纳到 PPT（文稿演示软件）文档中演示给屋主看，这样更易于理解。

在扩初设计阶段，设计师会根据屋主的需求和双方的沟通结果，提供各层平面图、主要室内立面图、主要室内剖面图、主要空间效果图、天花板平面图、地铺面平面图以及材料和颜色等设计选择和基本材料清单。

在施工图设计阶段，设计师会提供室内设计平面图、天花板平面图、水电点位图、地面铺砌平面图、室内立面图、施工节点图、主要材料样品、SketchUp（草图大师）效果图、室内家具与软装选择及设计图等。

在每个阶段，设计师会先与屋主确认，再进行下一个阶段，这样能更有效地了解屋主的需求，并逐步细化方案，想到更多的细节，减少后期返工，省时省力。设计师也可以在设计阶段针对 SketchUp 效果图不断推敲细节，展示整体空间效果。

最后还会有施工辅助服务，主要是设计师与室内施工队配合，让设计方案更好地落实，保证高度还原设计方案。

贡献者：于园

（北岩设计联合创始人，从事室内设计 12 年）

大型设计公司设计师回答：

我们的服务主要分成三部分：定制方案，规划预算；把握施工节奏，全程跟踪服务；独立软装设计。

首先，我们根据屋主的家庭结构及生活需求，定制适合屋主的整体设计方案，根据整体预算，规划每个环节的资金如何分配，控制整体造价。

其次，全程跟踪工程，把控整个施工进程，对接各个材料商（如空调、地暖等）。涉及的空调、地暖等图纸也都由我们出具，每个阶段需要配套的材料以及屋主的采购节奏，都由设计师联系提醒并提供各类表格，这样屋主会比较省心。

最后是独立软装设计、现场摆放。我们会为每个家庭提供独立的软装方案，包括详细的软装采购表格。

问题 2：设计师通过什么方式了解屋主？需要了解清楚哪些情况？

贡献者：史宁

回答：

设计师会制作一份屋主设计手册，包含家居设计涉及的所有细节问题，屋主只需填写相应信息即可。此外，设计师还会让屋主拟一份设计任务书，针对自己的生活方式提出装修需求。这个环节非常重要。如果没有这些，全部使用常规设计及常规尺寸，就和样板房几乎无异。有些屋主会提供长达几页纸的设计任务书，具体阐述他们的生活方式和对设计的要求，设计师非常鼓励这种做法。屋主说得越详细，设计师越能明白他们想要什么。

最后是预算。设计师在与屋主沟通的前期，必须了解屋主对装修花销的预期，这样才能更好地为屋主控制预算，在不超出预算的情况下尽量给出好方案。

问题 3：我应该怎样向设计师表达需求？

贡献者：潘小阳

回答：

能用图片说明的，就不用文字说明。你可以把喜欢的家装图发给设计师，不要怕多。设计师需要通过图片解构客户喜好：这个喜欢曲线柔和的风格，那个喜欢明亮硬朗的……屋主自己可能不容易总结出来。

少提怎么做，尽量提需求。比如“我想晒着太阳看书”，而不要说“我想在阳台放一把椅子”。没准儿设计师可以想出一个更加舒适和高明的做法。

不要和设计师说什么东西贵，什么东西便宜，只要说明自己想把预算控制在多少钱以内就行。具体的每一项该分配多少资金，让设计师帮忙把控。

最后一点，不要忘记把你的兴趣、偏好都告诉设计师，不要觉得羞于启齿，往往最后会有惊喜。

问题 4：设计师如何跟施工队磨合，实现设计想法？

贡献者：史宁

回答：

设计师通常在屋主选择好施工队后，跟施工队详细沟通一次，包括他们之前做过哪些类型的项目，对施工中出现的问题是如何处理的等，从这些方面先了解施工队的经验及其对工作的态度。如果没什么问题再与其详细沟通设计图纸，一旦发现图纸上有任何遗漏的问题，设计师就会及时解决，三次审核图纸直至没有任何问题。

设计师和施工队往往会在施工节点上出现分歧。很多装修工人为了省时省力，会选择更简单的做法，考虑得不够周全，如果你不懂施工工艺，就会被牵着鼻子走。设计师会给出合理的节点大样，和工人师傅解释如何去做。

问题 5：设计师如何保证最后的方案效果？

贡献者：史宁

回答：

针对前期确定的由设计师跟进施工的项目，设计师会在进场前和领队详细交底，在每个工种进场前再交一次底。平时不定期的现场监管也很有必要，便于施工队及时更改做错的部分。在施工阶段，我们会去工地 10 次左右，大型的项目中还会有设计师入驻工地。即便是外地项目，我们通常也会去现场几次，首要的是把设计意图跟施工队交好底，不然他们不一定能正确理解。我们还会建微信群，实时了解工地的进程和施工情况，如果发现有问题就及时解决，避免浪费时间和建材。

问题 6：设计师的价值体现在哪里？设计费买到的是什么？

贡献者：史宁

独立设计师回答：

我认为一个设计师应该用专业的角度对整体空间的设计进行把控，具体包括动线规划、采光通风处理、功能的分区使用、材料及颜色的应用及搭配、软装家具的选择搭配、细节及收口的处理等。

非专业人士往往想不到这些细节，而且每个成熟独立的设计师都经过多年的实际操作和学习，积累了大量经验，这些不是在网络上随便查资料就可以快速学会的。

此外，我们会尽量找一些性价比较高的环保材料来呈现作品的表现力，一块烂木头用对了地方也是艺术品。

贡献者：于园

大型设计公司设计师回答：

我认为设计师的价值体现在时间成本、经验价值和美学修养上。

理性地说，装修不等于艺术创作，它是有一定规范的。很多装修达人花了一年时间提前做功课，但设计师可以直接输出自己的经验。经验价值可以分为两方面，一是设计经验，二是施工经验。设计师一方面可以完善整体装修风格，另一方面可以帮助屋主减少施工中出现的问题，同时根据自己的经验和对市场的了解，控制整体的工程造价成本。

但从另一个角度来看，装修也是一种艺术创作。设计师会根据屋主抛出的话题或风格需求，结合色彩、比例、空间，进行美的创作。

结语：

一个专业、经验丰富、有责任心、有职业精神的设计师或者设计公司是值得我们为其付费的。他们不是为了“这么做看上去很美、很有面子”去设计，而是设身处地帮屋主解决各种问题。所以我们建议大家一定要和设计师好好沟通，说出自己的真正需求。

“好好住”用户选择设计师的 n 个理由

设计师能够帮屋主判断原有的设想中有哪些可行，有哪些不可行，从而把想法变成现实。

有设计师以后，屋主可以少操太多心。当需要各种具体数据的时候，我只要问一下设计师就能搞定，省下的心力可以放到力所能及的其他事情上。

设计师可以实现科学布局。例如，考虑到定制衣柜大多都是颗粒板（刨花板），质量参差不齐，所以我决定自己买板材打造衣柜。木工师傅的技术可以跟上，可是衣柜的科学布局是设计师和我花了一个下午沟通出来的，最终的结果令我很满意。毕竟装修的一大目的就是日后居住起来顺心。

设计师能提供很多你想不到或者不了解的细节处理方案。因为自己在装修方面不专业，如果没有设计师，我真的不知道怎么把握和实施。

买东西的时候，可以随时用手机问设计师哪些品牌好、哪些材质好、怎么分辨、最低价大概是多少。但是，有些看似要价“便宜”的设计师会靠带你买东西，拿商家返点再赚一笔，所以选择设计师时要好好分辨。

设计师的脑子里基本上有一个时间轴，在什么时间该准备什么、该买什么都会提前说。我在逛建材市场和家居店的时候就能够做到目标明确，不会漫无目的地浪费时间。（**@ 花卷包子馒头馍**）

越是有想法的屋主，越需要找设计师把想法转化成可执行的方案。自己拍脑袋想出一个东西就去跟施工队沟通，很容易出现按下葫芦起了瓢的情况。而一个有经验的设计师，在审美和流程上有很好的把控，能帮我们梳理想法并最终实现。在大多数情况下，非设计 / 艺术相关的普通人“捣鼓”出的房子，其试错成本足够请一位设计师好好安排了。(**@ 沉白白**)

针对各种主材如何购买，如何与装修风格匹配，设计师可以给予意见、提供建议、划定大概可选范围，否则我真没办法想象自己要从那么多种类里面选，那会是多么费心的一件事情。(**@flyswallow**)

不可否认，请设计师的费用确实占了我们很大一部分的装修预算，但是，只要选对一个设计师，他在后期不仅替你省出这份预算，还会为你省出宝贵的时间。(**@ 喵大熠**)

做好准备再装修

装修一套房子所花费的时间、精力和金钱，对大部分人来说都是不小的负担。对理想的家的渴望、对未来美好生活的期许，支撑着我们为装修而劳心劳力。在这一章里，我们将梳理一下“应该在装修前考虑的事”，帮助大家尽可能全面地做好规划，“装”出一个更适合自己的家，同时少走弯路，少留遗憾。

梳理需求

如果在装修的过程中请设计师，一定少不了“沟通需求”这个步骤。不同的设计师会用不同的方式与屋主讨论这个问题，有的选择日常聊天，有的选择调查问卷，有的会到你现在居住的房子看看……这样做的目的只有一个——了解你如何使用你的居住空间，以及你希望如何以新的方式使用这个居住空间。因此，无论你是否请设计师帮忙，在装修前一定要做的一件事都是梳理自己的居住需求。

家庭结构

家中常住几人？有没有老人、孩子、宠物？若有小孩，小孩现在几岁？未来几年内有没有生育计划？会不会有新的常住人口加入？会不会有周期性来访的亲友（比如每年寒暑假来照顾孩子的长辈）？平时经常在家请客吗？客人会留宿吗？平均多久留宿一次？你不仅要分析当下的情况，还应该根据自己计划在这套房子里住多久，预判未来的居住状态是否会发生变化，留出变更的余地。

核心家庭成员的生活方式是首先要考虑的，假如你经常需要在家办公，在装修前就要规划出合理的工作区，并且根据你对办公环境的需求设计细节。假如需要经常出差，你就要根据行李箱的尺寸、数量在家中规划出足够的收纳空间，并适当准备方便出门时使用的物品。

使用者的身高关系到许多硬件的高度。在设计固定位置的设施时，你应尽量照顾到不同身高的家庭成员。如果家庭成员中有左撇子，或者有过敏体质者、畏光体质者等，你更要将其纳入考虑范畴并贯穿装修规划过程始终，避免入住后出现生活不便的情况。

不同年龄段的孩子具有不同的居住需求，对于婴儿的居住需求应重点考虑“如何方便照顾”，对于学龄前儿童的居住需求应重点考虑“安全的活动空间”，对学龄儿童则要考虑“更加独立的个人空间”。随着孩子成长而变化的不仅是家具尺寸，还有收纳需求的变化，被收纳的物品逐渐从奶粉、尿布到玩具、衣物、书本，再到运动用品、乐器等。

对于长辈，你要结合他们的健康状况和生活习惯，针对当前或未来容易发生的不便之处进行规划。有长辈常住的房子最好能实现全屋空间无障碍，在必要的位置加装扶手、呼叫铃，同时也可以在一些细节处照顾他们的情感需求。例如，年纪大了的人易患关节退行性病变，难以长时间站立，但是长辈通常更喜欢自己做饭，这时候你可以考虑设计一个能够坐着备餐的空间，让他们安全舒适地完成力所能及的工作，他们的心情会更加舒畅。

在家请客的频率关系到餐厅的规模、沙发的样式，客人留宿的频率则关系到客房、客卫的规划。如果房屋本身户型较小、客人留宿频率不高，建议不要留出专门的客卧，可以按家庭核心成员的高频需求来规划房间功能，同时通过沙发床、地台床等灵活的方式来应对临时的待客需求。

对于很多家庭来说，宠物也是重要的成员。那么，你在装修前就应考虑到宠物的需求，如猫门、狗屋以及它们的活动空间和相关物品的收纳空间。

生活习惯

1. 睡眠习惯

睡眠对每个人来说是极其重要的一件事，要想保证将来的睡眠质量，你需要充分考虑家人的睡眠习惯，比如睡觉时是否畏光、喜欢高床还是低床、喜欢软床垫还是硬床垫、是否有午睡的习惯、是否喜欢睡前阅读或看电视等。

2. 卫浴使用习惯

卫浴是一个符合效率优先原则的场所，你可以在脑中模拟一下每个家庭成员使用卫浴的顺序和频次，分析大家的需求。除了常规的牙刷、牙膏、洁面乳、沐浴露，还有很多小家电也在浴室使用，比如冲牙器、洁面仪、电吹风、电动剃须刀、卷发棒等，而且需要充电或插电源使用。在潮湿的地方，你可能需要电热毛巾架；有人习惯早上先洗澡再化妆，可能需要镜面加热设施；根据需求，你也许还要在马桶附近规划智能马桶盖、马桶喷枪等设备，这些涉及水电的规划更要事先做好。

3. 护肤与化妆习惯

护肤化妆对于很多人来说是每天必做的一件大事。为了拥有更好的化妆体验，你事先应考虑：家人或自己一般在哪个时间段化妆？在这个时间段内哪里有适合的光线？习惯在洗漱区还是梳妆台化妆？站着还是坐着？有多少相关物品需要收纳？对储存条件有没有特别的要求？

4. 着装习惯

恐怕很多人都无法立刻说出自己有多少衣服、鞋子，装修设计的时候就是你做统计的好时机。将家人的所有穿戴物品都集中在一起，看看有多少需要悬挂、多少可以折叠？鞋子需要多大的高度和宽度摆放？在衣柜或衣帽间的何处布置光源？如果有熨烫的需求，想想熨衣板或挂烫机在哪里好拿好放，使用的地方有没有合适的电源？穿过一次、暂时不用洗的衣服，放在哪里符合自己的习惯？

5. 烹饪习惯

以前，做饭是一项繁重而不受重视的工作，厨房似乎只需要冰箱、灶具和油烟机就够了。随着居住观念的变化，人们的饮食习惯也在发生变化，家家户户不尽相同。为了规划出得心应手的厨房空间，你就必须提前思考：家里通常是谁做饭？谁洗碗？这关系到操作台面和吊柜高度的设计。饮食习惯上是偏中式还是西式？偏中式需要考虑灶具的火候与油烟的处理能力，偏西式则需要考虑更充分的操作空间和嵌入式厨电等。同时，你还应该认真统计家中常用的小厨电，不仅要为它们找到收纳之处，还要考虑如何才能便于使用。

6. 用餐习惯

每个家庭的用餐方式也有不同，如果家族成员是两名上班族，可能会在吧台边站着吃早餐；如果家人喜欢吃火锅、烧烤，餐桌附近最好有地插；如果家里每个人出门、回家的时间不一致，吃饭时间可能会错开，那么就要考虑饭菜保温的问题……这些应在装修前想到。为了保证餐桌干净整洁，一个兼具收纳与展示功能，表面还能充当饮品操作台的餐边柜也值得考虑。

7. 休闲习惯

你在闲暇时间喜欢做什么？问问自己这个问题，你就知道该在家中哪些地方下功夫了。喜欢观影追剧的，可以更好地安排视听设备和环境；喜欢运动健身的，要为器械和活动留出空间；对于喜欢书法绘画的人来说，一张大桌子与合理的文具收纳必不可少；喜欢阅读的，可以根据阅读习惯，布置一个可以舒适坐靠、光线适宜的阅读空间，而关于图书的收纳，也应根据数量、开本和阅读习惯，做好规划；如果有收藏的爱好，你可以清点藏品，为它们规划一个安放空间。

8. 家务习惯

家务是逃不开的日常任务，好的设计能够在很大程度上减轻这个负担。经常使用的工具，应该在使用地点附近就近收纳，避免动线折返。比如，脏衣存放—洗衣—晾衣—后续处理（如整理、折叠、熨烫等），这一系列动作最好能在同一个空间内完成，提高生活效率。

9. 清洁、保养习惯

随着屋主的使用和时间的推移，再好的装修也要面临变脏、变旧的问题。屋主应该考虑自己对损耗的接受程度，以及清洁保养的意愿，在硬装阶段就做好预防措施，让新家更好打理。比如，担心抛光砖的釉面磨损的，可以选择亚光砖；担心瓷砖填缝剥落的，可以选用更耐久的美缝工艺；担心厨房油烟难以清洁的，可以考虑在吊柜与操作台之间选用光滑无缝烤漆玻璃；等等。

家具与家电

1. 大件家具和家电

大件家电或家具在空间中占据的面积大，从视觉感受上来看也最显眼，摆放的位置以及与整个空间的协调度都需要提前考虑好。如果是家电，还会涉及走线和日常使用便捷度等问题，所以需要提前调研好大件家电或家具的种类、数量、摆放位置和收纳需求，以及使用者的使用频率等问题。

2. 新型的智能家电

随着科技的进步，越来越多的新型智能家电开始进入普通家庭。对于新型家电而言，传统的电器收纳方式未必适合。比如扫地机器人，就不能像扫帚、拖把一样收纳在橱柜里，而无绳吸尘器的存放处又要求能够充电。如果家中有这类的家电，你就要在规划中解决收纳和日常使用便捷度的问题。

3. 旧家具的处理

虽然在搬新家时，大多数人会换一套新的家具、软装，但总有一些难以割舍的旧物，让人想带进新家，特别是一些有情感价值的物品，比如陪伴了一代人的挂钟，古朴优美但是和新家具风格格格不入的书桌……这样的情况就需要我们额外花精力考虑解决方案，给旧物一个妥善的安排，让它成为新家的一部分。例如，有些设计师会将屋主的旧家具改为与新居协调的颜色，减少违和感。

4. 全屋系统

诸如智能控制系统、地暖、新风、净水等全屋系统是提高现代人生活品质的有力工具，但全屋系统的规划通常比较复杂，并且成本比较高。如果有相关意向，不妨提前做好调研，根据需求和预算做决策，一旦确定，就要尽早向设计师或施工队说明，因为安装这些系统通常要求在装修开始阶段就进行勘测、施工，否则会影响整个装修的进度。

贡献者：殷崇渊

（台湾演拓空间创始人、主持设计师，从业 20 余年）

动线规划

满足居住需求只是一个家的基本使命。能够承载屋主对生活的想象和期待，以及意趣和情感的才是心灵安放之所。在家中的生活，是由一系列动作串联而成的，通过对空间的动线规划，可以让我们在进行这些活动的时候更加高效，也更加舒适。我们在装修前可以参考设计师的思路，对自己在家的活动进行分析，带着“动线规划”的意识进行装修设计。

什么是动线?

“动线”是“建筑流线”的俗称，是在建筑设计中经常使用的一个概念，指人们在建筑中活动的路线。不同类型建筑的动线设计侧重点各不相同，就住宅动线而言，应该重点关注屋主的行为与居住空间的互动。这种互动包括两个层面：一是功能层面，通过居家动线分割并联系各部分功能空间，满足居住需求；二是感受层面，居住行为和活动场景影响着屋主的情感体验，让其在居住空间内感到忙乱或安定，紧张或温馨等。

动线设计为什么重要?

是什么把“房子”变成了“家”? 是我们“在房子里生活”这个行为。“家”其实是一个动态的概念，玄关、客厅、茶室、厨房，硬装、软装、电器、洁具……这些都是“家”的物理载体，只有当我们与这些空间和设施形成良好的互动关系时，它们的存在才有意义。这个互动关系的媒介，就是动线。

当我们结束一天的工作，买完菜回家，进门，换鞋更衣，将买回的菜放到厨房，开始准备晚餐；晚餐之后，或读书练琴，享受独处时光，或游戏聊天，共享天伦之乐；之后整理房间，洗漱休息。这是大多数人每天下班后的居家活动。如果动线设计合理，那么这一切一气呵成，也让我们感受愉悦安逸；如果动线设计得不好，居住者的活动路线将混乱无序，交叉重叠，会让我们感觉烦扰劳累。

好的动线是什么样的？

动线设计是一个无限接近使用者需求的过程，可以分成三个层级，类似马斯洛需求层次理论的结构，越靠近金字塔的顶端，这个设计就越好。

底层需求：效率。效率是动线设计的基本要求，我们在各种媒体上看到的经验分享文章，多是在这个范畴内。比如访客动线、家人动线、家务动线各不交叉，功能区域明确、动静分离，避免无意义的纯交通面积，缩短动线长度，等等。在动线设计满足基本需求的空间中，家人之间既易于交流又保留了隐私空间，完成家务劳动的便捷度也更高。

进阶需求：感受和温度。解决了效率问题之后，下一步可以思考屋主使用该空间的感受，比如，各功能空间里的行为是否让人感到安定、舒适且放松？各部分功能空间的起承转合是否自然顺畅？屋主在家中是否有归属感？

高阶需求：家的正确“打开方式”。在满足居住感受的基础上，屋主可以进一步考虑自己的理想生活场景，考虑适合自己的特定的空间关系。理想的设计目标不单单是创造一个具有定制功能的场景和流线关系，而是屋主也能和这个个人色彩鲜明的空间互相促进。

如何设计动线？

第一步要明确客观需求，先解决功能和效率的问题。

屋主应梳理在家里需要实现什么功能，是独居还是两口之家，是小家庭还是大家庭，需要几种功能空间？各功能空间的联系是偏向弱的联系还是强的联系？在家里是否做饭？做饭的时候做中餐还是西餐多一些？访客来访的频率高不高？是否可以归纳访客的类型？

首先，我们可以采用穷举法把可以想到的需求全部列举出来，比如吃饭、睡觉、洗澡、上厕所、打游戏、晾衣服、看电视、加班、撸猫①、喝茶、写作业等。其次，做一个排序，确定各个需求的重要性和频次，再把这些需求做一下归纳和分类，根

---

① 撸猫，网络流行词，指人与猫之间的有爱互动，也是现代人热衷的放松方式之一。——编者注

据重要性和频次确定各个功能区的属性和特点。最后，根据自身的习惯并结合每个空间的特征，确定各功能区的衔接方式。

举个例子：一个三口或四口人的小家庭，平时工作比较忙但经常在家做饭，家里只有比较亲密的朋友才会造访，平均两周左右在家里聚一次——这就是一个比较具有代表性的客观需求画像。据此，大的功能空间可划分为访客区、家庭活动区、家务区、家人活动区，各个功能之间干扰越小，功能就越合理。越开放的功能区越要注重联系，越私密的功能区越要注重隐私。使用频次高且单次时间短的功能区，如卫生间，应更加注重效率；使用时间长的功能区，如卧室，应更加注重舒适度。

第二步再解决空间分割的问题，实现理想的居住目标。

要认真挖掘使用场景，屋主需要模拟将来生活的大致状态，思考什么样的场景和互动关系更契合自己的生活状态。

比如，屋主希望家人在家里随时都有良好的互动，那么家庭活动区与家务区之间的联系就应该是比较顺畅的，甚至产生部分渗透——例如，女主人在准备晚餐的时候，可以看到男主人在书房和儿子下棋，而女儿在起居室的地毯上玩玩具。这里的几个功能区，厨房（家务区）、书房（家人活动区）、起居室（家庭活动区）之间需要建立一条紧密联系的轨迹，甚至在一定程度上是可以合并的。

再比如，屋主与老人同住，各自需要有独立的生活空间，屋主是一名作家，需要一处不被打扰的创作空间，那么家庭活动区，也需要做一个明确划分。比如，屋主的工作室、居室在房子的一个尽端，老人的居室及其他生活空间在另一个尽端，通过其他功能区——如家庭活动区或访客区（客厅、餐厅）——进行区分和联系。

第三步要实现个性化和主观的定制需求，让“房子”成为“家”。

在解决了理性需求和普遍意义上的良好感受等问题之后，我们需要考虑的就是非常个性化和主观的层面，即屋主的活动和心理状态，需要在这个层面进行更多的思考，来促成人和房子之间互相促进的发展关系。这样的例子不太容易列举，因为每个人在设想自己的“家”的时候，都有各自的期待和对生活的期望。无论是向往生活仪式感的高冷派、还是推崇 SOHO（在家办公）的自由职业派，乃至喜欢天伦之乐的恋家派，他们对于“家”都有自己的定义，对自己在家里的状态和活动都有自己的设想。“家”里的一切活动、轨迹、气氛能让他们成为更好的自己，他们也能让“家”更有自己的温度。

各主要空间的动线设计要点

访客区

客厅无疑是访客区最重要的部分，此外根据空间大小及设置的不同，还可能有门厅、玄关、衣帽间、客卫、客房等部分。如果家里访客来往频繁，那么以客厅为核心访客区的屋主需要着重考虑如何减少对其他几个功能区域的干扰，让其独立成为一个体系。这是最外向也是最开放的一个功能区域。

需要注意的是，应避免在客厅四周的墙上开比较多的门，避免在客厅的各个方向上出现较多的动线，客厅应该是动线擦肩而过的、比较稳定的一个空间，不要将其设置成动线汇聚的中心。

很多房子将客厅和起居室合并，并且常常和餐厅结合在一起。那么在设计访客动线的时候，应注意不要对家人就餐以及家人活动区产生干扰。为了完成访客动线的安排，可以设想一下家里来客人时的几个行为顺序。这条动线的起点从客人进门开始，我们通常需要在进门处安排一个玄关，完成室内外空间的过渡和停顿，同时完成存放客人的衣帽等礼仪行为，以客厅作为访客动线的终点。

屋主如果有比较高频的访客需求，则需要着重控制这条动线的节奏，突出其礼仪特征，比如设置专门的门厅，提升客人被重视的体验。另外，我们要注意动线从外向内的变化，比如设置玄关，实现对来访者的视线、行为节奏的控制，以保护家人的隐私。

家庭活动区

家庭活动区是一个家的核心，包括起居室（客厅）、餐厅、活动室，有时也包括厨房（注重烹饪操作的生活化，如西厨和烘焙区）和书房等。这个功能区的各部分是最需要仔细考虑并投入情感的，我们需要确保几部分功能之间联系顺畅，动线起承转合，创造独特的空间趣味。

很多房子的客厅和起居室是同一个空间，那么客厅动线设计的一些基本原则在这里也是适用的。家庭活动是家人之间必需的交往，家庭活动区是最需要创造性的，比如有的家庭喜欢坐在一起聊天，家庭活动动线则要为此创造条件，可以尝试设置开放式厨房、与起居室相连的餐厅、联系紧密的书房等。有的家庭喜欢家人坐在一起看电视、打游戏，则需要注意家庭活动不要对家人的其他活动区域造成干扰。

当然，随着现代生活方式变得越来越多样，有很多屋主在条件有限的情况下，会把家庭活动的空间设置得更特别，比如将起居室（客厅）改造成一个读书空间，甚至改造成一个咖啡厅。

家务区

家务区包括洗衣、晾衣区和厨房（与家庭生活区的厨房有区别，注重烹饪操作的功能性，如中厨）等。此功能区注重效率，动线应精短直接，避免与其他功能区产生干扰。

以洗衣、晾衣为例，洗衣区和晾衣区之间的动线要足够简短直接，最好相连或者在同一个空间里。洗衣机周围最好能设置一定的储藏空间，方便取用各种清洁用品和收集存放脏污衣物。如果有手洗衣物的需求，最好也能在洗衣机的周围进行，和晾衣区紧密联系。最后还要注意，在该动线中我们最好能方便进行晾晒完之后熨烫衣物、整理分类等工作。

厨房动线要遵循烹饪的基本过程。I 形、II 形、L 形、U 形厨房，都要按照“取材—处理食材—备餐—加工—出品”这一流程来安排。在设计这条动线时，我们应该把冰箱等储藏设备放在动线的起点，去除包装、择菜等粗加工区域在后，同时注意该区域的存储空间里需要有各种相应工具。然后是洗菜的区域，此区域可以设置水槽以及洗涤用品存放的空间。再然后是切菜、备餐的区域，此处须有一个完整的台面，刀具等工具应触手可及。在最关键的一个区域——加工区里，要围绕灶台设置各种炊具、调料等的储放空间。最后是比较容易被忽略的一个地方，就是要留出一块小的台面作为出品（装盘上桌）的空间。

对于面积比较大的厨房，应注意不要让这条动线过长，遵循“黄金三角法则”——处理食材、备餐、加工三个区域的动线长度之和最好不要超过 6 米。

家人活动区

家人活动区包括卧室、儿童房、卫生间、化妆间、书房、衣帽间等。该区域各部分之间的动线关系和活动场景相对比较稳定，需要注意的是在强调家人之间隐私的同时，也要兼顾家人之间的联系。此区域也是最内向、最私密的一个区域。

在一个相对独立的卧室单元里，如果具备同时设置洗手间、衣帽间、睡眠区的条件，按照“睡眠区—衣帽间—洗手间”这一顺序安排为最佳。洗手间里包含经典的“需求三件套”——洗手、如厕、沐浴，如果有条件的话最好进行合理分区、独立布置。

以上是几个功能区动线设计的大致原则，这几个主要功能区有时是完全独立的，有时却又不可避免地相互交叉，甚至有时是可以合并的，我们需要结合客观条件和具体需求进行差异化处理。比如，在市场上的主流户型中，客厅和起居室是合并在同一个空间里的，此时屋主需要对访客频率及家庭使用场景进行综合分析，重新定义客厅（起居室）的功能，使之符合多种使用场景。

结语：

动线是你时刻都能感觉到的存在，设计动线就是设计生活，我们需要把动线设计看成一种动态的、三维的、互动的行为，以及一个平衡理性和感性的过程。从动线设计角度出发做出的微小改变，可能会成为点睛之笔，给屋主带来极大的顺畅感和幸福感。若布局混乱、动线无序，会让人觉得明明是自己的家，却总有磕绊费力之感。所以屋主应拆解自己的生活习惯，思考和重建满足自己需求的生活空间。在完成平面布局后，你可以模拟你和家人的日常生活场景，讨论哪些地方不合理，哪些地方可以再优化。必要的时候，你甚至可以带上图纸到现场进行模拟。

贡献者：李钊
（HDDS 建筑事务所主持建筑师）

全屋系统

在做了需求梳理和动线规划之后，屋主对于家的规划应该已经有了比较具体的想法。在正式开始装修之前，屋主应尽量对那些关系到房屋基础、难以变动的系统设施做出明确的规划。屋主的规划越明确，设计师和装修公司就能越好地将理想变成现实。

水电工程

在水电工程部分，我们会列出规划水路、电路、照明、采暖等系统时需要考虑的因素。你可以参照水电工程规划总览图（见图 1-4）、水路规划思维导图（见图 1-5）、电路规划考虑因素思维导图（见图 1-6）、照明与采暖规划思维导图（见图 1-7），根据自己的需求做勾选。每个家庭、每套房子的具体情况都不一样，思维导图只是尽可能全面地帮助屋主查缺补漏，并非所有项目都能实现，所以屋主还应该听取专业人士的意见，综合考虑，然后决定最终的装修方案。

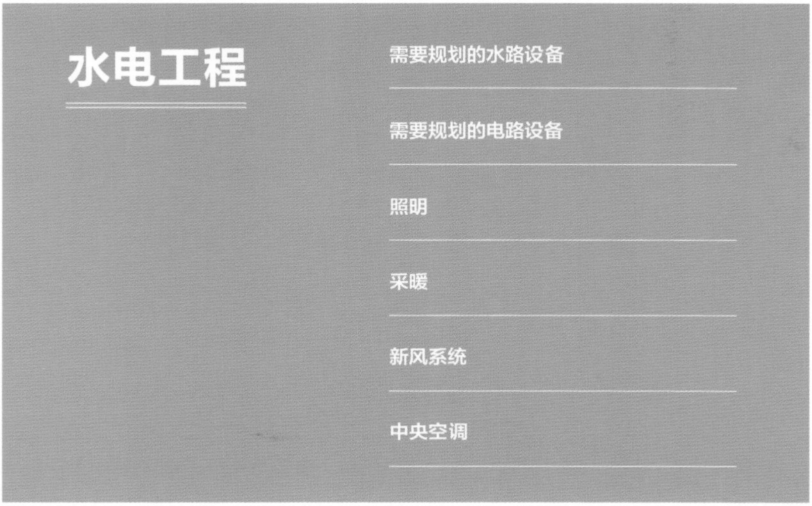

图 1–4　水电工程规划总览图

另外，在规划插座时，并不是简单地给所有用电设备对应一个插座，而是要根据个人使用习惯，综合考虑每个空间，区分哪些插座是长期占用的（如冰箱），哪些是临时使用的（如电动牙刷充电器或不是每天都使用的厨房小电器）。长期占用的插座的位置可以尽量隐蔽，临时使用或几个电器轮流共用的插座的位置应较明显，方便插拔。

吊灯、射灯、落地灯、台灯、筒灯……灯的种类和样式不胜枚举。选灯的时候总是很头疼，到底哪一种最适合居家环境？其实，你要选择的是照明方式，而不是单纯地选择灯的款式。试想一下，你辛苦一天回家躺在床上——不开灯，伸手不见五指；开灯，灯光刺眼，心情也会变得焦灼。“见光不见灯”，在大多数情况下是最舒服的照明方式。尝试多用一些隐藏照明设备，或者选择灯罩能够完全遮住灯泡的灯具，既可以让人感受到灯光带来的氛围，又避免眼睛直视光源造成的不适感。

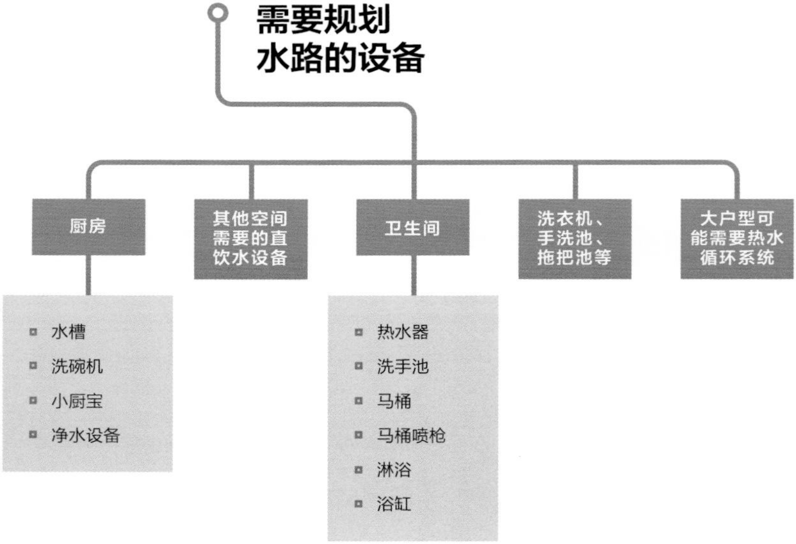

图 1–5　水路规划思维导图

电路规划时要考虑的因素

开关

各种灯具、新风系统、中央空调、监控设备、智能家居

电话、网络、有线电视等弱电设备

插座

玄关

智能猫眼、门铃等

玄关柜附近：镜前灯、柜底灯、烘鞋器等

客厅

娱乐设施：电视、音响、投影仪、游戏主机等

沙发附近：电子产品充电、灯具等

落地窗／飘窗附近：电动窗帘等

餐厅

地插：常吃火锅、烧烤，或喜欢工夫茶的家庭可以考虑

吧台、餐边柜附近：饮水机、咖啡机、电热水壶等

厨房

冰箱、抽油烟机、烤箱等嵌入式厨电

橱柜上方：各种小厨电

橱柜下方：洗碗机、垃圾处理器、净水器、小厨宝等

吊柜下方：照明、燃气报警器等

卧室

衣柜／衣帽间：补充照明、挂烫机等

床头：灯具、电热毯、香薰机、各种电子产品充电等

其他位置：加湿器、除湿机、风扇、电蚊香等

卫生间

镜柜内部及周围：吹风机、卷发棒、剃须刀、电动牙刷等

洗手池下方：净水器、小厨宝等

马桶附近：智能马桶盖等

镜灯、小夜灯、迷你洗衣机、电热毛巾架等

工作区

台灯

电脑、打印机等

各种电子产品

家务相关

扫地机器人、无绳吸尘器、熨烫机等

宠物相关

鱼缸

自动喂食机、饮水机等

监控设备

图 1-6　电路规划考虑因素思维导图

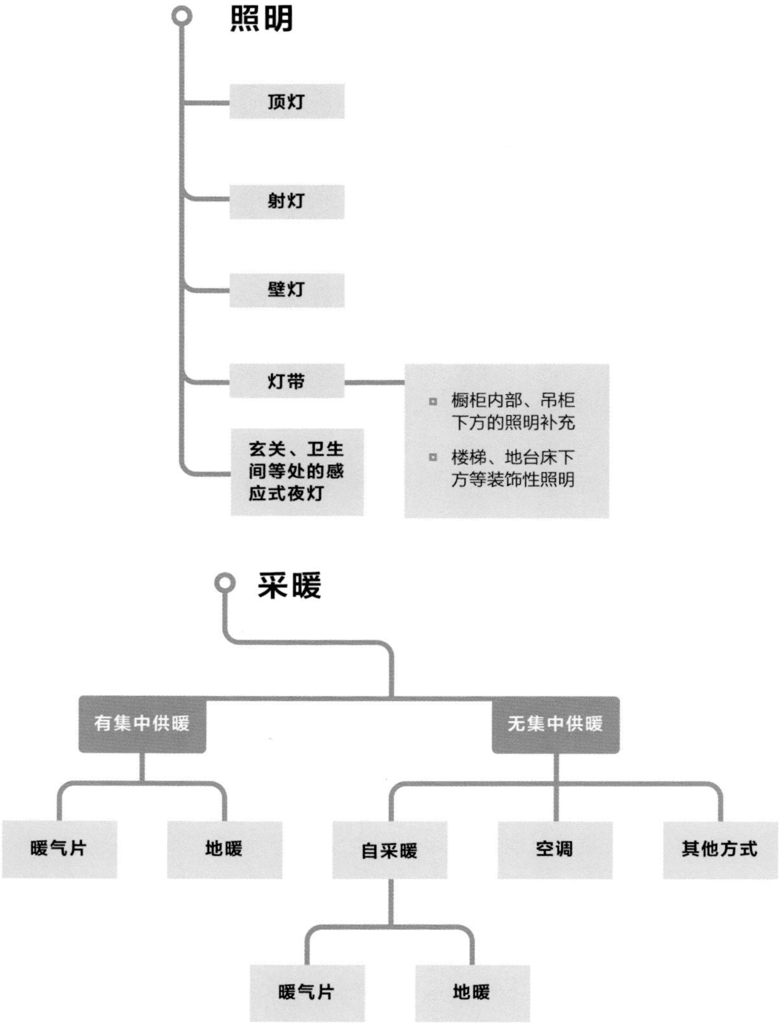

图 1-7　照明与采暖规划思维导图

定制家具

随着对家的需求越来越个性化，许多家庭开始选择定制部分家具。屋主在定制家具时，需要厂家到家中现场测量，才能够做到严丝合缝，一方面可以更有效地利用空间，另一方面能获得更好的视觉体检。与成品家具不同，定制家具难以替换、更改，因此需要在硬装阶段就做好规划设计。除了各种柜体，还有一些家具和开放式收纳工具也适用于定制的方式，本书在第 3 章中对各空间的收纳建议和《局部收纳利器》有更详细的解说。在定制家具思维导图（见图 1–8）中，我们列出了中国家庭较常用到的定制家具类型，屋主可以按需选择。

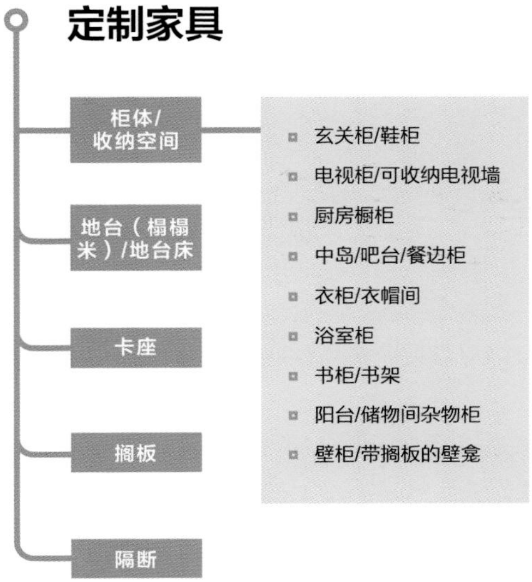

图 1–8　定制家具思维导图

收纳

收纳问题要从设计阶段开始考虑。在开始施工之前，屋主就应该对家中有多少物品、需要多少收纳空间、在哪里设置收纳空间、采用什么样的收纳方式等做到心中有数。在这个阶段，屋主可以准备一张屋子的平面图，在上面标出计划用于收纳的空间，不仅要考虑当前拥有的物品，还要留出一定的余量给未来可能增加的物品。收纳应遵循“就近原则”“好拿好放原则”。收纳思维导图（图 1-9）按照不同空间的特点，对通常收纳于这个空间的物品类型做出梳理，你可以对照该图看看自己是否漏掉了哪些事项。每个家庭的房屋状况和收纳需求不同，可以在此基础上根据实际情况增减。

收纳

玄关

外套
鞋
出门需要的物品

客厅

影音娱乐设施
遥控器等通常放在茶几上的物品
书籍资料
展示品、小摆设等

餐厅

茶、酒、咖啡等饮品
茶壶、酒杯、咖啡机等器具
餐桌用的调料
纸巾等

厨房

厨具
餐具
常温储藏的食品
厨房小电器
清洁用品
围裙、手套、抹布等小物

卧室

穿过，暂时不需洗的衣物
当季／非当季衣物
被褥床品
化妆品、饰品
睡前需要的小物

儿童房

衣物
玩具
书籍
婴儿用品

卫生间

洗浴用品
护肤品
毛巾、浴巾
纸品、清洁用品

局部

工作区设备、资料等
洗衣区清洁、晾晒用品

其他

兴趣爱好相关（如收藏品）
家务用具
其他工具

图 1-9　收纳思维导图

装修要花多少钱

定预算？先定位！

装修要花多少钱？在回答这个问题之前，我们不妨先为装修定位。一般来说，每个人在一生中会经历两三次甚至更多次装修，每次装修时的房屋状况、生活状态与经济条件也多有不同。因此，在每一次装修前，我们需要事先考虑好，在这个房子里会居住多久，以及是否有更换工作、生小孩等变动因素，再结合自己当前有多少精力可以投入装修，综合考虑才能定下总预算。

不同价位对应的装修品质，大概可以类比为：如果软硬装平均达到 2 000 元 / 米 ^{2}，效果可能类似于快捷酒店；如果达到 4 000 元 / 米 ^{2} 或更高，最终的装修效果可能类似于三四星级酒店；如果预算达到 8 000 元 / 米 ^{2} 或者更高（前提是屋主没有被坑），则能够体现五星级酒店的装修品质。当然这只是参考，酒店和家庭的装修要求和细节不尽相同。

预算的构成部分与各自所占的比例（见图 1-10），一般是主材 30%、辅材 5%、人工 15%、设备 10%、电器 10%、家具 20%、装饰 10%。

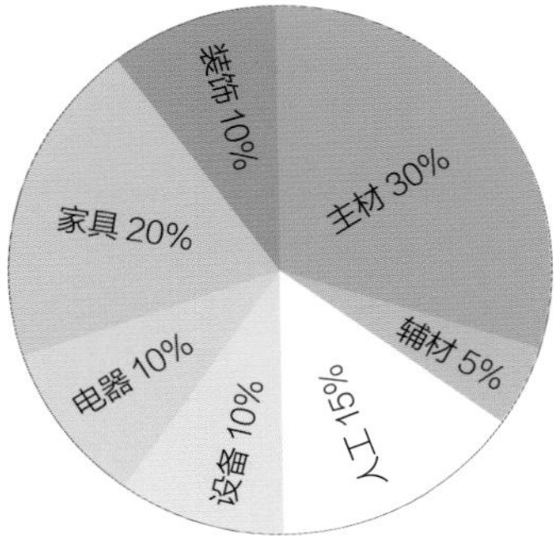

图 1-10　预算的构成部分与各自所占比例图

若预算有限，首先应考虑功能性，功能性决定了房子住起来舒不舒服。比如在设计师的指导下对户型格局进行调整，虽然前期预算比较多，但是改动后住起来会更加舒服、方便。其次，不要过度压缩收纳空间。此外，还要注意功能性较强的产品，比如马桶每天都要按，水龙头每天都要开，一旦出现问题会给生活带来很多麻烦，所以频繁用到的五金件、柜门、铰链，尽量选择质量好的。最后，环保无小事，使用含胶的产品时要特别注意其甲醛释放量是否在安全范围内。比如做基层处理时用到的界面剂、泥子粉等，建议选择经过市场检验的优质产品，你多花不了多少钱，却能获得长久的安心；至于墙漆、瓷砖、地板这类用量较大的主材，你可以到正规建材市场购买质量合格的常规产品，合理分配预算。

贡献者：
潘小阳

王冰洁
（北京七巧天工设计创始人）

王晨
（南京熹维设计创始人）

手把手教你做预算

说到“做预算”，很多人的第一反应会是“怎么节省预算”。其实，将装修预算尽可能做得详尽准确，不仅是为了省钱，更是为了让自己心中有数，让装修施工过程更加顺畅，从而在整个装修过程中节约屋主、设计师、施工队等各方的时间，这些时间和精力都是隐形的投入。一般我们在初次装修时，很难将预算项目考虑周全，这方面不妨参考专业设计师的建议。

表 1-1 所示清单可以作为自家装修预算的参考，清单列出的所有物品都是需要屋主购买的，虽然这份清单无法完全适合每个人，但屋主可以按照清单里的品类划

表 1-1　室内装修主材预算清单

室内装修主材预算清单

品类	项目	分类	数量	估价	备注
硬装主材	窗户				
	纱窗				
	砖	客厅地砖			含勾缝剂、定位卡和瓷砖黏合剂
		厨房地砖			
		厨房墙砖			
		卫生间地砖			
		卫生间墙砖			
		阳台地砖			
		阳台墙砖			
	门	卧室门			含合页、把手、门锁、门吸
		厨房门			
		阳台门			
	地板	实木地板			含防潮垫、铺垫宝及收边条
		复合地板			
		户外地板			
	石材	门槛石			
		挡水条			
		淋浴地面			
		窗台			
	踢脚线				
	垭口线	单边套			
		双边套			
	壁纸				含基膜、胶
	涂料				黑板漆、硅藻泥
	雕花隔断				含镜面
定制家具	橱柜				含台面
	卫浴柜				含柜门、柜内五金
	洗衣机柜				
	衣柜				
	鞋柜				
	储物柜				
洁具	水槽				
	水槽龙头				
	坐便器				含三件套
	台盆				含软管、去水
	台盆龙头				
	浴缸				含软管、去水
	浴缸龙头				
	淋浴房				
	花洒				
	镜子				
灯具	主灯				
	射灯				
	壁灯				
	其他灯				
	开关面板				
	强弱电箱及配件				含漏电保护器

品类	项目	分类	数量	估价	备注
电器	全屋电器	空调			
		新风			
		暖气			
		净水设备			
	厨房电器	热水器			
		油烟机			
		灶具			
		冰箱			
		烤箱			
		蒸箱			
		洗碗机			
		微波炉			
		电饭煲			
		热水壶			
	客厅电器	电视机			
		音箱			
		路由器			
	其他电器	洗衣机			
		小厨宝			
		吸尘器			
五金	集成吊顶				
	集成灯				
	浴霸				
	柜门拉手				
	毛巾杆				
	沐浴用品架				
	卷纸架				
	马桶刷架				
	角阀				
	地漏				
	晾衣架				
	玻璃胶				含胶枪
家具	客厅家具	沙发			
		茶几			
		电视柜			
	餐厅家具	餐桌			
		餐椅			
	主卧家具	床			
		床头柜			
		电视柜			
	其他家具				
窗帘	布艺窗帘				
	百叶帘				
装饰	绿植				
	装饰画				
其他费用	网购商品运输费				
	餐具、厨具、床品、靠枕等必备品				

分查漏补缺。建议大家按照空间的分区，以及从顶面到墙面再到地面的顺序，统计自家装修所需的物品，并对照表格。统计不一定要特别准确，但是一定要全面，避免有所疏漏。这份清单没有按照空间划分，而是按照产品性质分类，主要是为了方便大家在购买时对比数量和价格。下面我们简单地分析一下这份清单。

第一部分是硬装主材。这部分和硬装施工过程同步进行，屋主需要配合施工进度提前采购这些材料，并让这些材料按时进场，保证硬装施工顺利进行。其中要注意的是，如果施工队只负责施工不负责提供材料的话，屋主除了自行购买主材以外，还有一些辅料（比如密封胶、填缝剂、抽屉滑轨、配电箱内的断路器，贴砖时要用到的定位卡、勾缝剂、瓷砖黏合剂，铺地板时要用到的防潮垫、收边条等）也需要购买。所以屋主要特别留意备注里提到的细节。

第二部分是定制家具。这部分产品的制作流程与现场施工过程并不同步，往往要在“墙顶地”硬装基础工程完成后，才能准确测量尺寸并下单。定制家具需要较长的制作期，往往会成为对整个装修时长影响最大的因素，所以建议屋主提前考虑、提前设计，才不至于耽误工期。另外，我们在做预算时需要注意，定制家具一般只包含家具本身、基础的铰链和普通抽屉滑轨，特殊或升级五金均要另外收费。

接下来的洁具、灯具、电器、五金以及家具等，几乎是每家每户都要准备的且更为个性化的部分。因为种类繁多，容易有疏漏，建议屋主按照空间区块的规则来梳理自家需求，尽量不要漏项。

没有经验的屋主在购买这些商品时，容易犯的错误是忽略配件的存在。比如，在购买台盆、浴缸等卫浴产品时，也要考虑到角阀、上下水、去水等配件。此外，如今人们越来越喜欢网购商品，其附加的物流运输费、上楼费、安装费等，也是需要纳入考虑范围的预算支出。

若要运用好这份表格，除了列全项目外，你还要仔细了解所有商品的信息，包括品牌、价格、购买渠道等。如果每件商品都是凭空估价，那么你做出的预算没有任何参考价值。要找到自己满意的商品并了解市场价格的难度很大，需要屋主投入很多精力，但这些都是为了在将来的施工中省时省力，因此非常值得去做。

预算超支的问题在施工过程中和自主采购主材的环节中都有可能出现。在施工过程中，预算超支主要是因为设计变更，或是初期对工程量预估不准。这些是正常现象，只要不是装修公司恶意增项，屋主理性对待即可，明确自己的目的是创造优质的生活环境，然后适当地取舍。千万不要为了节省预算而盲目降低施工质量，否则得不偿失，将来吃亏的还是自己。

在自主采购主材方面，超预算这个问题可以比较直观地从这份清单里显现出来。没有经验的屋主容易忽略备注里提到的内容，所以在采购时常常超出预算。因此，你在做预算时要尽量详细，避免类似情况的发生。一份详尽的清单既能降低超预算的风险，也能帮助屋主在脑海里构建出家的模型，方便屋主了解和熟悉装修施工过程，更好地把控整个装修进度。

建议大家在做预算时，客观考虑自己的能力和实际需求。如果在合理做好预算的情况下，预算还是超支，建议保留那些能够提高自己生活品质，或者给自己带来更好的生活方式的支出，放弃那些与他人攀比、盲目跟风的，而自己根本不需要的东西。在装修时，一定要考虑这套房子的日常使用者的需求。这样的思考可以去伪存真，为我们在预算的取舍上提供最佳决策依据。

这里有一个简单的技巧可供大家做预算时参考：家里每个空间区域的使用频率是不同的，根据每个功能的使用频次来决定资金投入的多少。另外，当装修进程已经过半才发现预算超支时，你可以考虑给家里留一些可升级的空间，不需要一步到位的地方可以先不添置家具，留给生活更新和进步的可能性。

贡献者：HH 酱
（认证设计师，从事室内设计 9 年）

千万别栽在合同上

如果说装修是场硬仗，为了顺利结束这场仗，很多人提前很久就开始攒预算，备足粮草。很多人在“好好住”App 上找灵感，请设计师给出方案，制定行军策略，没想到依然在装修的过程中遇到一系列问题，比如扯皮、误期、大幅超支……很多时候，问题往往出在签合同上。那么签合同时要注意什么，才能最大限度地避免这些问题出现呢?

首先，在选装修公司或施工队时你就要注意，一定要和正规的企业签约。在考察阶段，你同时要考察施工队。比如去工地时，你可以看看正常状态下的施工现场。即便不是很懂，你也可以通过对比了解到施工队之间的差异。你可能在网络上看过很多施工经验分享帖，但还是需要实地考察，否则真到签订合同时两眼一抹黑，就为时已晚。

每家的装修方案不同，但基础的“水、电、瓦、油”都是常见的标准项目，常规项目之间差异很小。但在追求个性化的今天，在考察施工队时就要多留意一些并不常见的设备，比如隐蔽水箱、暗埋龙头，以及某些对细节要求较高的项目，把问题抛给对方，评估他们能否胜任。装修在大面上往往不会有什么问题，多数都是细节上的瑕疵，但瑕疵多了，整个装修项目就毁了一半。考察时选择的主动权在你手里，签完合同开工后，你的角色只是协助，所以重点工作在于开工前的考察，而非开工后的监工。

合同应注明施工周期，规定好逾期赔付，否则对方时不时找理由拖工期，屋主的时间、精力全都投入进去，又无可奈何。施工项目多按面积计算，不要怕麻烦，亲自测量核算一遍，也许就省下一笔钱。还要注意明确报价款项，具体到每个项目多少钱，超预算的比例上限是多少，建材损耗率的上限是多少。在特殊情况下，如贴异型砖的工费，不能简单一句“另外计算”就放过，一定要写清楚究竟怎么计算。在包材料的合同中，应注明所使用材料的品牌、型号，以便在现场巡查时对照是否使用了约定的产品。

在签订正式施工合同前，屋主有可能需要支付定金，但不宜超过 1 000 元。合同中均附有付款节点与比例，全国多数城市统一使用住建部（中华人民共和国住房和城乡建设部）制定的合同，即便不使用标准合同，多数情况下也可分为 3 个付款节点。

（1）在签订合同前仔细阅读条款，一般在签订合同后、开工前一周内支付总款项的 40%~60%，用于采购材料。

（2）在中期时支付总款项的 30%~50%。中期一般指木工项目完成，比如吊顶完成，油工即将进场时。

（3）全部完工后在一个月内支付总款项的剩余部分，如果逾期未支付，多数合同上会注明乙方（施工队）不再承担售后责任。如果对工程有异议，可以先不进行尾期验收。未完成尾期验收意味着双方有分歧，此时可以签署一些简单的工期顺延单作为书面证明，不会自动进入双方逾期的时间计算范围内。

每个工种结束施工时，施工队都会安排到场验收这一环节，屋主不要盲目签字，若有异议需要在施工队整改后再签署。一旦签署，那就证明你对该阶段工程施工的质量没有异议，之后再想提出问题就会变得非常被动。

增项需要在双方都同意签字确认后生效，所以你有权拒绝支付未经自己同意的增加项目所产生的任何费用。增项来源于漏项和诱导增项，前者现在并不多见，以前一些装修公司为了让报价有竞争力，会刻意漏掉一些不起眼的项目。然后在施工中提出有所谓漏掉的项目并以吓唬的口吻要求屋主“接受”，一些屋主就妥协追加了。诱导增项则是指施工队在施工过程中，不断给你推荐现场制作的追加项目，常以“别人家都做了，你不做的话会有隐患”等说法“忽悠”屋主，很多人不了解或不问具体价格就答应，后期增项单出来后就傻了眼。

贡献者：@SunLau

2

硬装的硬核指南

墙面：房间的情绪与氛围

地面：始于足下的生活

吊顶：抬头见美

门窗：家中的灵动与光影

墙面：房间的情绪与氛围

本书硬装部分全部流程图贡献者：沈一
（杭州本空设计创始人，从业十余年）

墙、顶、地，是所有软装的背景。设计精美的家具只有在背景的衬托下，才能展示出它的美貌。墙壁可以说是家中面积最大的色块，墙壁的颜色、图案对整个空间氛围的影响非常大。根据不同空间的需求和特点，选择合适的墙面处理方式，能够赋予它们独特的功能和质感。

墙面的常规做法

涂漆

墙面涂漆，根据房屋基础不同，有不同的涂刷方式（见图 2-1）。而不管是饱和度高、清新活泼的亮色，还是耐脏且有质感的深色，都能打造出不一样的空间感受。我们不必拘泥于传统的刷墙方式，除了选择单一墙色，还可以用多种颜色的墙漆打造拼色墙、用刷子涂刷成不同的墙壁肌理、用暗色调给居室带来更多神秘感……刷墙，正在变得越来越有趣，越来越不拘一格！

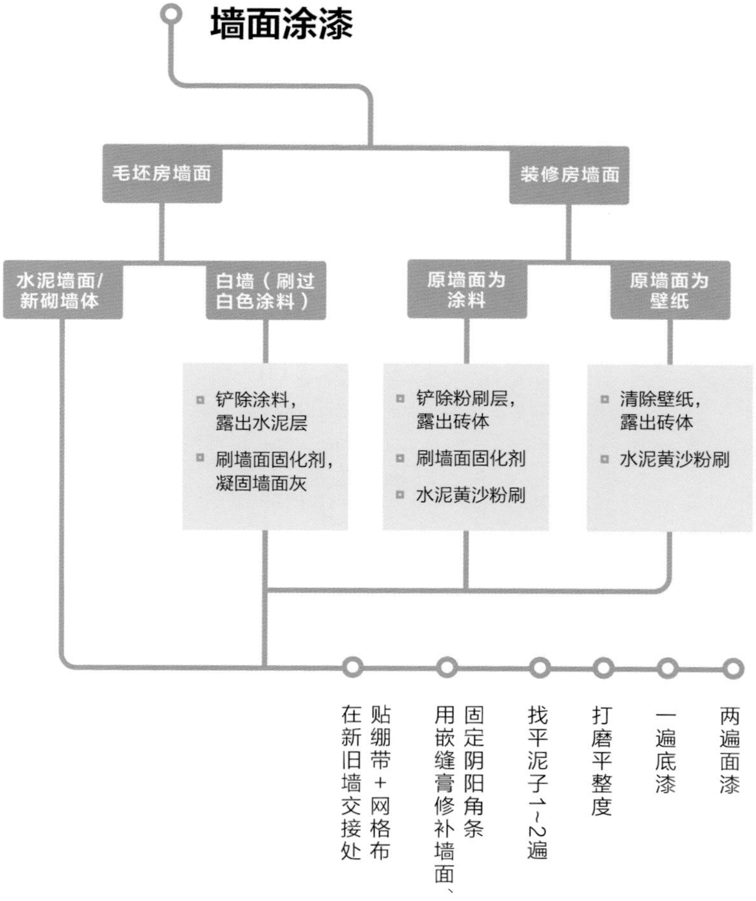
墙面涂漆
毛坯房墙面
装修房墙面
水泥墙面/新砌墙体
白墙（刷过白色涂料）
原墙面为涂料
原墙面为壁纸
铲除涂料，露出水泥层
刷墙面固化剂，凝固墙面灰
铲除粉刷层，露出砖体
刷墙面固化剂
水泥黄沙粉刷
清除壁纸，露出砖体
水泥黄沙粉刷
贴绷带+网格布在新旧墙交接处
固定阴阳角条
用嵌缝膏修补墙面、
找平泥子1~2遍
打磨平整度
一遍底漆
两遍面漆

图 2-1　墙面涂漆流程图

⊙ 两种深色调的墙，用石膏线装饰，既复古又不失时髦
（图片：@ LAND）

⊙ 天花板也可以刷上颜色，成为家里的“第五面墙”
（图片：@ 杭州墨菲）

⊙ 看似随意的不规则涂刷，给人以轻松活泼之感
（图片：@ 一木一宿 Judy）

TIPS 小贴士

墙面刷漆注意事项

（1）刷漆前要确认墙上的泥子已经批好并打磨到位，可以用灯光照射查看墙面是否平整。
（2）刷漆时做好地面保护工作。
（3）不要只看色卡，成品多半会和色卡有色差，在大面积涂漆之前，最好通过小面积试刷查看颜色效果。
（4）乳胶漆有多种光泽可选，呈现的效果与涂刷方式紧密相关。根据光泽纹理的偏好选择合适的滚刷，更易达到预期效果。
（5）使用托盘可减少涂料浪费，也便于均匀涂刷墙面，避免滚刷在两次涂刷的交界处留下痕迹。
（6）在与其他材质交界处或在阴角处分色时，需使用专业分色胶带，才能使交界边缘整齐无锯齿，撕下胶带后也不会破坏漆面。

贴壁纸

壁纸对墙面的瑕疵有很强的遮盖力，施工快速简单，但是针对不同房屋基础有不同的操作模式（见图 2-2）。如果把壁纸比作墙壁的衣服，那我们不必大费周章就能为墙壁换装。壁纸的花色种类繁多，同时又具有不同的图案肌理，可以打造非常丰富的视觉效果和空间体验。

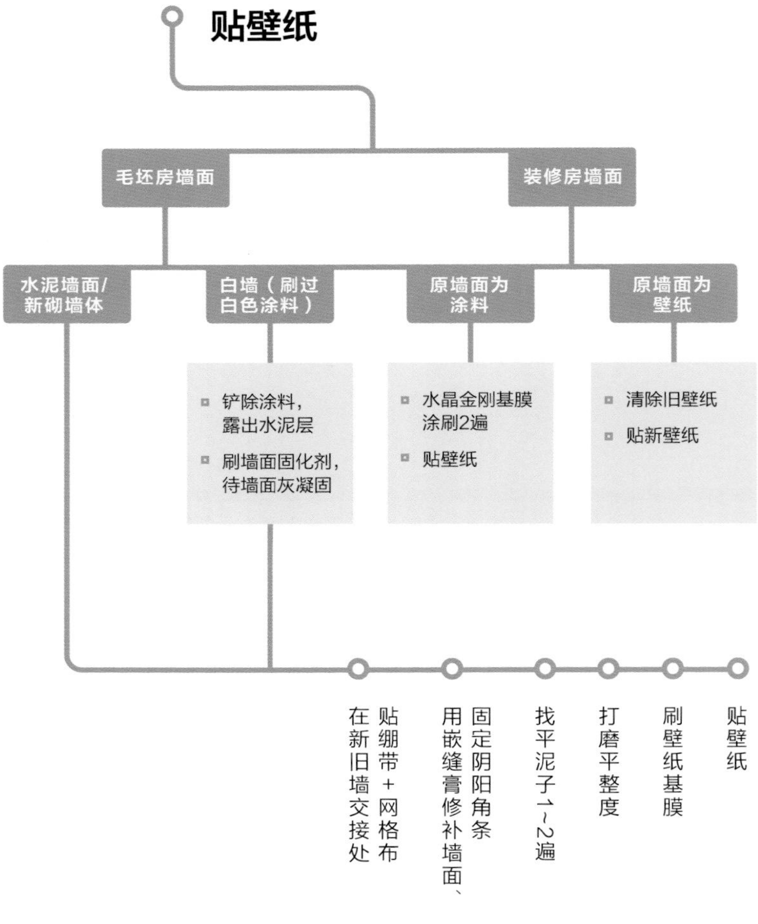

图 2-2　贴壁纸流程图

⊙ 床头背景墙选用了巨幅画布般的主题壁纸，渲染了卧室的温馨氛围。
（图片：@ EVA 琉）

⊙ 贴在局部的壁纸，形成了一面主背景墙
（图片：@ 言無设计凌伟）

⊙ 层次丰富的灰色乌云壁纸，让玄关区独具特色、不再沉闷

（图片：@ 本小墨）

TIPS 小贴士

挑选壁纸注意事项

在挑选壁纸时，可以把图册竖起模拟墙面的方向，在自然光下距离 1 米以上的地方查看。对于图案小于 10 平方厘米的壁纸，一定要查看大面积样张或铺贴后的实物图，因为这类图案在大面积铺贴后可能与想象的相差很大。

贴墙砖

贴墙砖，是一种有趣的装饰元素，也能让屋主免受墙面水渍难清理的困扰。贴墙砖的步骤可见图 2-3。

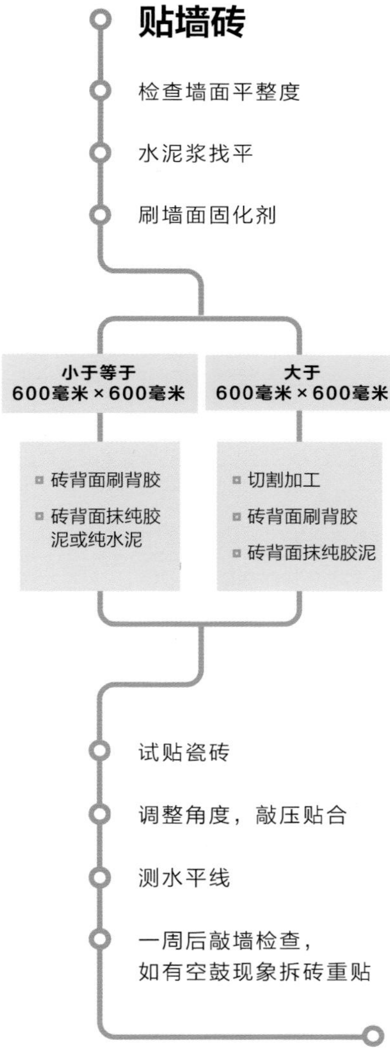

图 2-3　贴墙砖流程图

纯色小方砖

小白砖最常见，却最经典、最百搭，能在不经意间打造出让人惊艳的效果。如果你觉得小白砖有点普通，那么还有小灰砖、小绿砖、小粉砖、小黑砖……这些都是不错的选择。

⊙ 墙面下半部分贴白色小方砖，上半部分用灰色涂料，清爽干净
（图片：@ 只爱陌生人 stranger）

薄荷绿小方砖搭配白色橱柜，自带清凉感

（图片：@很绿de小绿）

小黄砖给厨房带来明媚气息

（图片：@小梨熊）

花砖

花砖给狭小的空间带来了趣味性。尤其是不同图案的花砖，其丰富的纹路避免了单调的重复，增添了无限多的排列变化和想象空间。可以选择整铺或局部铺设墙面花砖，但是在整铺时需要注意与地面颜色的搭配，避免墙面颜色过于沉重；局部铺设可以选择出挑的花砖作为点缀，也可以用单价较高的花砖，花费不多却能起到点睛之笔的作用。

如果想让整体空间和谐又不单调，可以选择与空间内主体颜色相呼应的花砖

（图片：@见微设计）

⊙ 干净的黑白线条几何形花砖，比常见的小方砖多了些灵气
（图片：@ EVA 琉）

⊙ 花砖＋鲜花＋灯带，丰富了灰白色的餐厨空间
（图片：@ 未研 - 傅俣迪）

灰色砖

灰色调瓷砖搭配白色和黑色瓷砖，经典却不过时。若用原木色或彩色瓷砖加以点缀，能让墙面的层次瞬间丰富起来。灰色调的瓷砖多数有暗纹，呈现自然的纹理。在搭配空间色彩时最好有所对比，比如搭配白色橱柜可以让灰色瓷砖质感更突显，而颜色、质感接近的搭配，则会显得浑浊、暗淡。

原木色可以化解灰色的冰冷感，当灰色面积大时不妨用原木色来进行调和与点缀
（图片：@赫设计－小赵 Laukin）

⊙ 灰色瓷砖 + 白缝，清爽感十足
（图片：@ 志轩设计）

⊙ 灰色墙面搭配白色洁具，简洁干净
（图片：@ HONGQB）

正六边形砖

正六边形砖的种类很多，有马赛克、石材、瓷砖等。正六边形砖的铺设费用比普通砖高，根据拼法的不同也会增加额外的人工费。铺设时宜采用薄贴法[①]，在墙面基层精准找平后，就可以最大限度地避免小规格瓷砖铺设不平整的情况。薄贴法的综合造价比砂浆法略高，适用于马赛克等小规格墙砖的铺贴。

⊙ 用几片黄色正六边形砖点缀整体的灰色砖，让空间变得更加鲜活

（图片：@ 弘拓設計）

⊙ 正六边形砖的边缘可以做出不规则造型，有趣、层次丰富，工艺又易于掌握

（图片：@ 周贞贞）

① 瓷砖薄贴法，是创始于德国的一种新型瓷砖粘贴工艺，使用专门的瓷砖黏合剂及齿型刮刀，在施工基面上将瓷砖黏合剂梳刮成条纹状，然后按顺序将瓷砖粘贴在胶泥上，采用揉挤压实定位的干作业粘贴工法。——编者注

⊙ 水泥台面配的大理石纹正六边形砖，台面、砖、墙三者的层次感十分丰富。这种上沿不收边的效果也非常别致

（图片：@ 糖糖）

TIPS 小贴士

1. **关于如何计算瓷砖的购买量**

   在购买瓷砖前，需要先确定铺砖区域的长、宽和面积，然后根据单块瓷砖的长、宽和面积计算用砖量。

   粗略计算方法为：需铺装面积 ÷ 单片瓷砖面积 × 损耗率 = 用砖数量

   精确计算方法为：（区域长度 ÷ 砖长）×（区域宽度 ÷ 砖宽）= 用砖数量

   有些供应商会出具铺贴图，可以更精准地计算瓷砖的使用量。

   瓷砖规格越大，损耗越大，普通瓷砖的损耗率一般为 5%~10%，多边形瓷砖拼花铺贴的损耗率会增加。为了减少不同批次的色差问题，尽量多采购后退货。在有条件的情况下，你可以测量每面墙的长和宽，画线或使用软件计算最为妥当，尤其是当瓷砖单价较高或网购时。保险起见，最好再增加 10% 的损耗量。

2. **关于如何选择厨房墙面的瓷砖**

   在铺贴厨房墙面时最好选择通体瓷砖。釉面砖表面光滑便于清洁，麻面瓷砖的表面只要不是深度磨砂，同样容易清洁。瓷片类陶土砖吸水率高，表面釉面强度低，瓷砖边缘为圆角，在耐久性、抗冲击性、清洁便利度等方面都不是最佳选择。墙面填缝宜选用强度高的水泥基填缝剂或环氧类填缝剂，前者造价略高于普通填缝剂，但其憎水性配方可以有效防止污渍渗入，具有高耐磨性、抗冲击性、防霉性，是厨卫区域墙面的好选择；后者造价更高，但综合性能远高于水泥基填缝剂，使用数年后依旧靓丽如新。

墙面的更多可能

地板上墙

没错，地板也可以上墙！地板上墙比大白墙更有型，比壁纸更耐用，既可以打造个性背景墙，也可以让空间产生自然、安稳的感觉。

⊙ 把鱼骨拼木地板当作电视背景墙，纵深向上的纹路具有聚焦视线、延伸空间的效果

（图片：@ sweetrice）

⊙ 木质地板从墙面延伸到地面，浑然一体，提升了卧室的温馨感

（图片：@ 躲进 – 小楼）

⊙ 背景墙的地板与地面的拼法有所区别，地板与家具软装都选用了大地色系，自然和谐

（图片：@ Tk 原创设计）

水泥墙

干净又硬朗的水泥墙受到许多人的青睐。水泥墙既可以搭配木色、大地色，沉稳柔和，也可以搭配亮色，有趣不花哨。在涂刷水泥墙时，需要注意水泥和砂浆的配比，若砌墙时涂料含水量过大，收缩后容易造成墙面开裂。另外，如果水泥墙应用在厨卫区域，需要做好防水工作。此外，还有一种更简单的“水泥墙”实现方式，就是在常规墙面施工流程的最后一步，将普通墙漆换成“水泥漆”，视觉效果也能接近真正的水泥。

⊙ 木质吊灯 + 收纳筐，用局部木色点缀整体灰色
（图片：@ LipengBian）

⊙ 水泥灰和大地色的组合，让墙面在柔和的灯光下有了质朴的感觉
（图片：@ 张泽楷）

⊙ 水泥墙和工业风格的家具是绝配
（图片：@ 万物并作设计机构）

黑板墙

黑板墙又酷又实用！会不会画画不重要，家是你自由发挥的舞台。对于有孩子的家庭来说，无论是孩子自己玩还是亲子互动，黑板墙的用处都很多。常见的黑板墙会让家中出现大面积的黑色，如果介意这一点，屋主可以选择彩色黑板漆，并和其他墙漆在同一施工阶段进行涂刷。

⊙ 在黑板墙上画一份黑板报，作为家中独一无二的装饰亮点

（图片：@ Jessica 漫生活）

⊙ 磁性黑板漆能吸附小饰品，可以把墙面刷成两种不同颜色进行分区

（图片：@ _404）

⊙ 黑板墙涂刷出造型，更显得活泼欢快

（图片：@ ROCOCO）

TIPS 小贴士

1. 粉笔灰问题

   若使用无尘粉笔或液体粉笔，可用湿毛巾轻松擦拭笔迹，也不会有乱飞的粉尘。

2. 耐用问题

   如果是用在儿童房或书房等使用频率较高的空间，可以选择经过特殊处理的石英砂颗粒黑板漆（涂膜坚固，可擦洗 2 万次以上）。另外，亚光漆和平光漆不仅不会暴露墙面缺陷，也更容易擦洗。

3. 环保问题

   水性黑板漆比传统溶剂型涂料更环保。传统油漆中不可或缺的稀释剂和固化剂中含有大量的有毒成分，而水性漆不需要这两种物质。

文化砖

所谓文化砖，是具有很强的装饰性的墙砖，风格自然又粗犷，文艺范儿十足。在家里做一面文化砖背景墙，不仅让空间更有层次感，还能通过搭配软装，让家里呈现出更多元化的氛围。

⊙ 裸露的红砖 + 水泥自流平，工业风扑面而来

（图片：@ 桃弥空间设计）

白色文化砖也可以搭配得温暖清新
（图片：@小天竺6号）

在文化砖上刷漆，打造属于自己的个性空间
（图片：@开物大远）

护墙板

广义上，把墙包住的材料都可称为护墙板。护墙板一般都是成型板，需提前定制，再进行现场安装。护墙板比墙漆和壁纸的耐用程度都高，且不同的材质与样式，可以使房间呈现不同的风格。

⊙ 护墙板可以做成自然清新的田园风格

（图片：@ 蔬菜蘑菇汤）

带有线条的护墙板，自带典雅风格
（图片：@苏州设计师卞立军）

木饰面护墙板适合简约大气的现代风格
（图片：@谷辰设计）

墙面线条

墙面线条的做法源自欧洲宫廷的实木护墙板，自带古典雅致的浪漫气息，受到了很多人的喜爱。考虑到实木护墙板的造价一般比较高，可以利用性价比极高的墙面线条达到同样的装饰效果。从材质上区分，墙面线条分为实木线条、石膏线条与 PU（聚氨酯）线条。三者相比，实木线条与石膏线条的质感略胜一筹，但耐用结实程度不如 PU 线条。在选择墙面线条时，需注意线条宽度与墙面的比例，避免线条过粗或过细，导致整体比例失调。

⊙ 带有线条的灰色墙面搭配深蓝色沙发，优雅时髦
（图片：@ 羽鸟亚门）

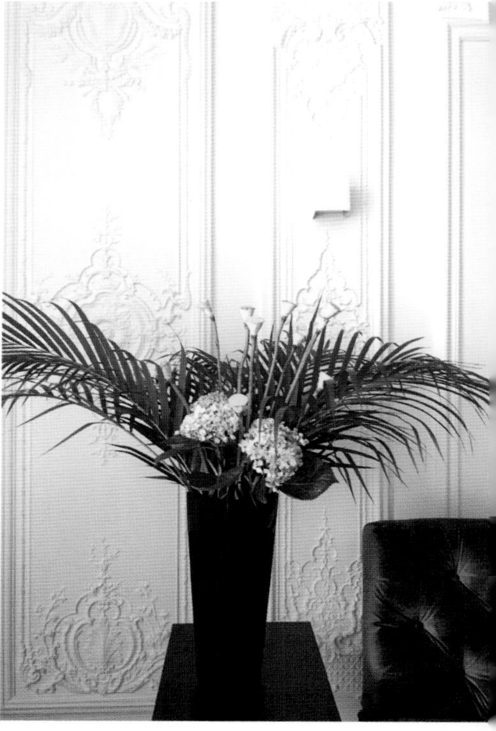

⊙ 花纹繁复的线条可以轻松营造古典风格的家居氛围
（图片：@ 康师傅）

⊙ 经过简化的墙面线条和现代风格的家具也很相衬
（图片：@ 清羽设计）

地面：始于足下的生活

地面的常规做法

地板

地板的总体造价较高，更换过程也比较复杂，一般在铺设之后，我们不会轻易随着更换家具而更换地板，所以地板的选择是装修过程中较为重大的决策。好的地板不仅可以带来舒适的使用感受，也更能够营造家中氛围。

1. 地板到底有几种

木地板大概是我们最熟悉也最陌生的装修材料了，熟悉是因为其应用广泛，陌生则是因为木地板种类繁多，材质和价格差异巨大，商家还给它们取了各种各样的新名字。在建材市场逛一圈下来，大部分人会觉得晕头转向，依然不知道该买哪种。

在讨论地板的铺设之前，我们先对常见的实木地板、实木复合地板、强化木地板、软木地板和竹地板做一次彻底的解析。屋主可以根据自己的预算和生活习惯进行选择。

（1）纯实木地板

实木地板由天然木材加工而成，分为新实木地板和旧实木地板两种。旧实木地板因为被使用过，性能更加稳定。

优点：纹理自然，环保，弹性好，可翻新。

缺点：不耐磨，易失去光泽，易变形，不宜在湿度变化较大的地方使用。

价格：实木类地板首选柚木地板，价格为 700 元 / 米 ^{2} 左右；二手实木类地板价格为 70~200 元 / 米 ^{2}。

（2）实木复合地板

实木复合地板是把实木切成表面板、芯板和底板单片几部分，然后依照纵向、横向、纵向的三维排列方法，用胶水粘贴起来，并在高温下压制而成的板，分为三层实木复合地板和多层实木复合地板两种。

国外许多家庭喜欢使用实木复合地板，因其好打理，且工艺成熟。国内实木复合地板工艺较差，屋主在选择时要慎重。

优点： 耐磨、耐热、耐冲击，不易变形。天然木皮纹理非常好，甚至优于一些低端实木地板。

缺点： 如果胶的质量不佳，可能会出现脱胶的现象。

价格： 300~2 000 元 / 米 ^{2}。

（3）强化地板

⊙ 铺设了木地板的房间

（图片：@ 卡老师 Carl）

强化地板的内芯是高密度基材层，外面加耐磨层、平衡（防潮）层、木纹装饰层，耐用好打理，几乎不需要进行装修现场保护。

强化地板的纹路大多没有实木地板那么自然，而且脚感相比于实木地板、复合地板有一定差距。不过，脚感可以通过使用软木垫来改善，同时软木垫还可以降低噪声。

优点：价格选择的范围大，适用范围广，可以用在厨房。

缺点：脚感一般，可修复性差。

价格：200~700 元 / 米 ^{2}。

（4）软木地板

软木地板大多取材自栓皮栎（栎属落叶乔木），和红酒塞取材相同。软木地板分为纯软木地板和复合软木地板。纯软木地板只有薄薄一层，对地面平整度的要求很高，复合软木地板则比较容易铺设。

优点：其耐用度是所有地板里面最高的，并且拥有良好的吸音效果。弹性好、防滑性好，脚感舒适。

缺点：通常由木皮颗粒构成，颜色、纹理与木地板差别较明显，若保养不当，会出现凹陷问题。

价格：300~1 000 元 / 米 ^{2}。

（5）竹地板

竹地板是采用胶黏剂将竹板拼接，并施以高温、高压进而成型的。

优点：环保，装饰效果好。

缺点：和实木地板一样，会因湿度变化出现胀缩，需要防水。

价格：200 元 / 米 ^{2} 以上。

（地板专业内容指导来自设计师 @ 王译磊 和 @ 喆里设计）

2. 地板施工流程

地板施工流程见图 2-4。

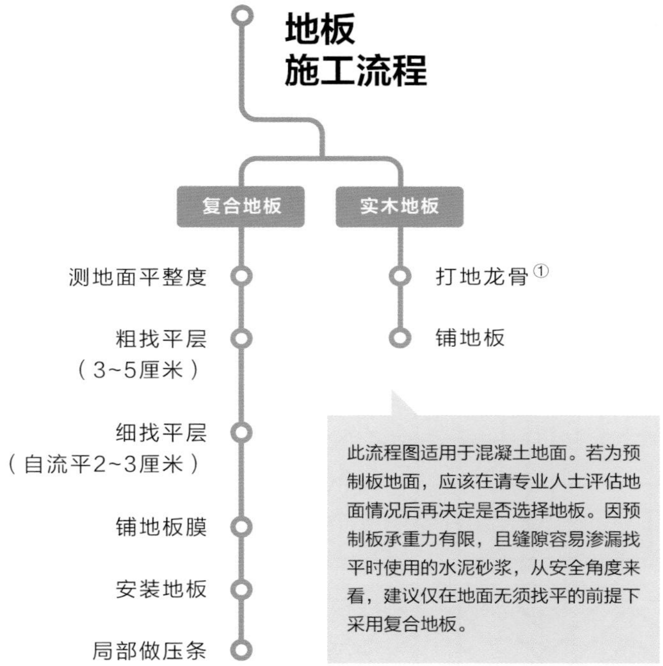

图 2-4 地板施工流程图

① 地龙骨，用来支撑造型、固定结构的一种材料。——编者注

3. 特别的地板铺设方式

除了常见的直板铺设以外，古典气息浓厚的人字拼地板与鱼骨拼地板近年来变得十分热门。需要注意的是，这两种铺装方式的损耗较大，选购时要咨询清楚用量。

人字拼地板因拼贴后形似“人”字而得名。人字拼共有 3 种拼贴方式，目前使用最多的铺设方式如图 2-5 右上所示；鱼骨拼因铺出的地板效果如鱼的骨骼一般而得名，效果如图 2-5 左下所示。

图 2-5　不同种类的地板铺设方式

百搭的原木色人字拼地板，既清爽又有艺术感

（图片：@苏州晓安设计）

类似柚木的色泽加上人字拼铺贴方式，能够完美突出空间质感

（图片：@糖糖）

⊙ 鱼骨拼地板使空间呈现很强的纵深感，达到空间延伸的视觉效果
（图片：@ 鸿鹄设计上海站）

TIPS 小贴士

铺设地板注意事项

（1）不是所有地板都适合采用人字拼或鱼骨拼，在选购时要问清楚。另外，在铺贴地板时需要挑备选板，避免纹理过于杂乱。

（2）人字拼与鱼骨拼地板适合涂胶铺贴，可以最大限度地解决移位和轻度变形的问题。

（3）铺设地板时，先把正口截下 45 度，安装第一块地板，之后用反口小端凸槽对准正口凹槽 90 度拼装。用拍板和锤子拍打地板，把两块地板拼合在一起，以免有缝隙。然后依次铺设木地板即可。

（4）由于人字拼和鱼骨拼的铺设方式有一定难度，在铺设之前屋主应与安装人员充分沟通，确定各自的责任范围。

地砖

地砖具有耐磨、耐脏，方便打理等优点，而且导热性好，适用于铺设地暖的家庭。如果屋主喜欢地板的外观，又觉得不好打理，木纹砖也是很好的选择。从选购时间来看，在水电改造施工过程中就可以选砖了，因为地砖一般都有进货周期，国产的可能需要一周，进口的可能需要一个月以上。提前预订地砖可避免装修过程出现空档。地砖施工流程见图 2-6。

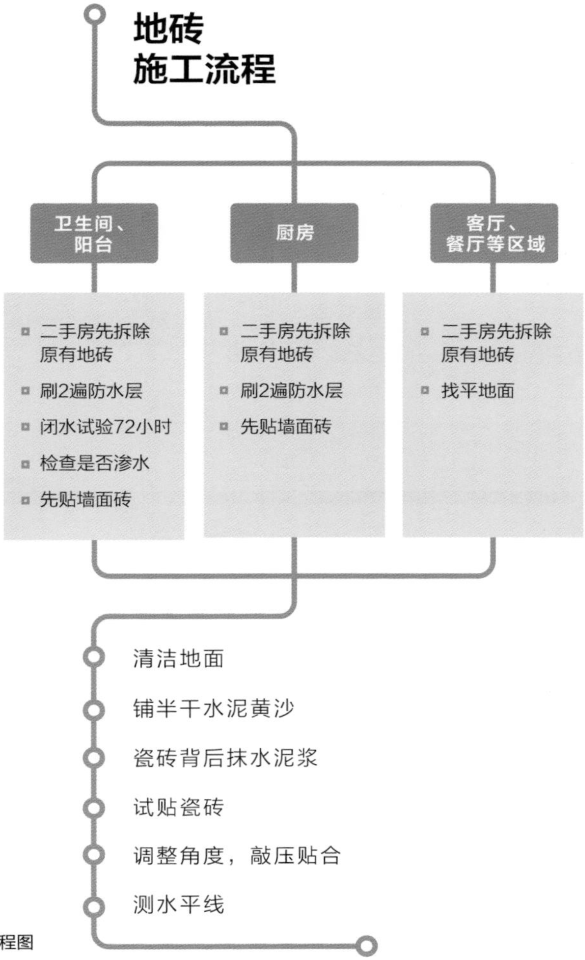

图 2-6　地砖施工流程图

纯色砖

无论颜色深浅，纯色砖作为干净的背景，都不会喧宾夺主。

⊙ 浅色抛光砖搭配马卡龙色家具，清新又可爱
（图片：@ Gu 小姐）

⊙ 水泥色地砖干净清冷，适合具有现代简约气质的空间
（图片：@ 壹石设计）

⊙深色地砖沉稳、有质感，如果担心颜色过于沉闷，可以搭配一些浅色软装

（图片：@里白）

TIPS 小贴士

铺设地砖注意事项

（1）在铺设地砖时要注意起始点，尽量把切割后的小块砖铺在不显眼的位置。拼花砖时要注意花砖与家具、天花板的对应关系，铺贴时精准施工。

（2）地砖铺好之后需要做成品保护，避免后期在施工过程中因涂刷油漆、水泥涂刷等造成污染问题。如果仿古砖之间缝隙较大，可以考虑做美缝处理，避免后期填缝剂变色。

木纹砖

木纹砖是一种拥有木材纹路的瓷砖。它既具有瓷砖易打理、好清洁的优点，也能营造温馨自然的氛围。许多人觉得打理和养护木地板的成本高，因此转投木纹砖的"怀抱"。木地板的特殊拼接法（如人字拼、鱼骨拼），用木纹砖也能实现。

人字形、工字形、斜铺、菱形铺等铺贴方法一样适用于木纹砖和木地板

（图片：@ MaggieVin）

将木纹砖铺设在卫生间，营造自然清新的氛围

（图片：@ 阿盅 lululab）

⊙ 厨房用木纹砖，和木质台面十分搭配
（图片：@ 冰乐）

TIPS 小贴士

1. 木纹砖的选择

（1）木纹砖可按光泽度分为亚光木纹砖、柔光木纹砖、全抛釉木纹砖。其中，亚光木纹砖、柔光木纹砖的效果比较柔和，适合家居环境。

（2）木纹砖的图案和种类特别多，基本上地板常见的花色、纹理，用木纹砖都能实现。

（3）比较推荐的木纹砖规格分别为 60 厘米 ×15 厘米或 80 厘米 ×15 厘米，这些尺寸仿照木地板的大小，铺装效果也非常不错。市面上也有其他更大规格的木纹砖，但是价格较高。

（4）在铺设卫生间或阳台的地板时，最好选用 60 厘米 ×15 厘米规格的木纹砖，更容易找坡度。

（5）木纹砖的边缘 R 角越小，越接近木地板，整体的视觉感受越真实。低价木纹砖的 R 角过大，在填缝后显得缝隙大，凹槽明显，整体效果会大打折扣。

2. 木纹砖的铺装

（1）修边的木纹砖 R 角小，可以采用类似抛光砖的无缝铺贴方式，在视觉上形成自然的缝隙，可以不填缝。普通木纹砖无法无缝铺贴，需要在留缝后做填缝处理，所以尽量选择接近色填缝，且最好使用环氧类填缝剂，避免缝隙老化脱落、变色、粗糙等问题。

（2）铺贴时尽可能随机铺，打乱花纹，避免将同样纹理的砖拼贴在一起，否则不仅显得做作还少了质感。一些高价木纹砖的花色、质感更自然，可以达到数十平方米无重复花色的效果，无须刻意挑板铺贴。

花砖

图案丰富的花砖让地面在视觉效果上更活泼生动，让视线聚集，形成区域亮点。

⊙门厅花砖区域与局部的吊顶相呼应，凸显了门厅的空间感。

（图片：@ 鸿鹄设计何金池）

⊙ 大地色系的花砖也很好搭配，不会太过抢眼
（图片：@ 未研 - 傅侯迪）

⊙ 在小区域内铺上浅色花砖，营造出清新的感觉
（图片：@ 苏州大斌设计设计师曹亮）

地面的更多可能

水泥自流平

水泥地面平整光滑、色泽均匀，其低调的灰色既可以搭配亮色或暖色的家具，也可以搭配黑、白、灰色，营造沉稳与冷静的氛围，因此受到很多屋主的青睐。

广义上的水泥自流平地面有两种工艺，一种是将砂浆基层表面压光的低造价工艺，另一种是表层使用环氧树脂地坪漆的自流平工艺。两者从照片上看起来相似，实际上在质感、耐久性等方面存在很大的差异，每平方米的造价也因工艺的不同而差异很大。

需要注意的是，水泥地面有渗透性，如果油性物质掉在地上会留下痕迹。此外，水泥地面遇水后会变得湿滑而不安全，因此不建议用于卫生间地面。

白墙、原木、水泥地，再加上丰富的绿色植物，打造自然又舒适的家
（图片：@ 猪扑啦）

⊙ 墙面与地面都可以做成水泥面层，搭配少许亮色调软装，有质感而且时髦

（图片：@ 松陽猫 IOS）

⊙ 水泥自流平 + 原木家具，形成质朴恬淡的氛围

（图片：@ 木桃盒子室内设计）

TIPS 小贴士

铺设水泥地面注意事项

（1）在找平基层后，使用自流平水泥做面层，需严格按照标准工艺去除面层起泡，并做养护。

（2）如果追求更好的平整度和光泽，需要进行地面打磨处理。即便不使用环氧树脂地坪漆，也要使用专用界面剂或养护剂做保护，减少起沙、空鼓等现象的发生，并铺上草席或被子让地面阴干。

（3）注意水泥和砂浆的配比，若水泥比例高，则开裂的可能性较低。

（4）如果水泥地面要与其他材质的地面衔接，可以在两种材质交界处使用金属或经过防腐处理的木头作为收口，并预留伸缩缝，同时使用颜色相近的环氧填缝剂或防霉耐候硅胶填缝。

水磨石

水磨石是一种传统的建筑材料，近年来在家装市场中迅猛回潮。回归后的水磨石不仅自带工业感与复古感，也可以变得相当时髦。

水磨石的耐磨性、整体性与适用性都比较强，可以与各种材质搭配，而且墙面、地面、卫浴设备、家具台面都可以使用。需要注意的是，水磨石地面会导致地面厚度增加，相比于地板而言占用更多的室内净空间。

⊙ 黑白分明的水磨石地面，透着一丝清冷的气息
（图片：@ 毛逗兒）

⊙ 墙地一体的水磨石瓷砖不仅让空间的整体性更强，也更富有装饰意味
（图片：@ 昱昃）

⊙复古的水磨石地面搭配时髦的轻奢风格软装，毫无违和感

（图片：@进阶境界）

不同地面材质的拼接

随着施工工艺的进步，越来越多的人尝试直接拼接不同材质的地面材料，比如瓷砖和木地板拼接。这就要求施工时尽可能地精细，在拼接处不使用扣条或嵌条，后期只需针对缝隙进行美缝处理。

⊙ 瓷砖与木地板直接进行拼接，对施工师傅的手艺有着较高的要求。拼接边缘可进行美缝处理，让工艺更细致

（图片：@ LuckyStrike 嘉）

⊙ 鱼骨拼地板与鱼骨拼瓷砖进行硬拼接，很考验施工技术

（图片：@ windyxin）

⊙正六边形砖从墙面铺到地面，与地板拼接，在视觉上有延伸感

（图片：@鸿鹄设计上海站）

吊顶：抬头见美

吊顶可以遮挡影响室内空间美观的设备、管道，便于安装灯具，隐藏新风系统和中央空调等设备。此外，吊顶也有装饰作用，能够协调空间比例，塑造不一样的房间风格。相对来说，厨房、卫生间因为有管道和取暖通风设备，基本都需要做常规吊顶；在客厅、卧室等空间，屋主则可以根据需求选择局部吊顶、平面吊顶等“存在感”稍弱的工艺，既保持层高，视觉上也能更清爽。

⊙四周吊顶：如果不想做大面积吊顶，又想挡住设备和管线，可以选择这种工艺

（图片：@鸿鹄设计上海站）

⊙ 平面吊顶：构造平整简洁，可以弥补房屋顶面不平整的问题
（图片：@ 云行设计）

⊙ 大面积平面吊顶和局部跌级吊顶组合：既能安装中央空调，又能保持空间整洁，还不降低层高
（图片：@ 北岩设计）

⊙ 格栅吊顶：用木板做框架，中间嵌入光源，达到很好的装饰效果
（图片：@ 陈八顿）

⊙ 把光源藏进吊顶，可以让吊顶的轮廓更明显，层次更丰富
（图片：@ 乱步施）

TIPS 小贴士

1. 吊顶的类型

（1）集成吊顶

集成吊顶是主流的厨卫吊顶方式，它将灯、排风扇、浴霸等产品集合在一个吊顶内，常用的材料是铝扣板。

优点：主流工艺，第三方供应商提供安装服务，可拆卸，便于检修或更换设备。

缺点：花色比较单一，质感一般。

价格：200~300 元 / 米 ^{2}。

（2）石膏板吊顶

优点：使用耐水纸面石膏板、防水乳胶漆和水泥基耐水泥子，既耐水又抗开裂。另外，在天花板与墙壁的接缝处使用中性防霉硅胶密封，进一步隔绝湿气侵入，缝隙也更美观。

缺点：拆卸不便。不过只要在马桶、排水口位置预留出活动检修口，就能方便检修设备、更换电线。

价格：150~220 元 / 米 ^{2}。

（3）其他吊顶

如木质吊顶、玻璃吊顶等吊顶材料。

2. 吊顶过程中的常见问题

（1）做了吊顶之后，层高保持多少才不会显得空间压抑?

层高是否压抑因人而异，不过在层高低于 2.4 米的情况下，频繁站立活动的区域会给人一种压抑感。但压抑的感觉也可能是由单调的吸顶式照明或室内配色不当所致。

（2）不想做吊顶，但房屋内有梁、有管道怎么办?

如果你不介意，可以让梁和管道裸露在外面，同时做一些简单处理，让管路走线排布得更美观一些。如果实在觉得梁和管道突兀，你可以采用局部吊顶，或者做个平顶足矣，不必画蛇添足、乱玩花样。

（3）是否要做石膏线?

要根据家装风格来定。在欧式风格中，石膏线常作为顶面到墙面的过渡而存在。然而在简约风格中，石膏线并不是必需品，此时做石膏线不是为了美观，而是用来处理不平直的阴角。

门窗：家中的灵动与光影

门的种类与做法

一扇出挑的门，可以激活空间的生命力。

细黑框玻璃移门，简洁且充满了线条感
（图片：@ 刘畅同学）

玻璃门

若玻璃门的透光性好，那么室内光线会更充足，视野会更开阔，空间在视觉上也会有延伸感。

⊙ 长虹玻璃门既能隔绝杂乱，又具有迷人的光影效果

（图片：@ 暖舍设计）

⊙玻璃移门既可以作为空间隔断，又不破坏房间的采光与通透感
（图片：@凡人-Tk设计）

TIPS 小贴士

1. 关于价格

先确定门的样式，比如铝型材的款型、颜色、质感和设计，再选择与之相配的玻璃。玻璃门的价格一般以平方米为计算单位（型材、玻璃和人工都包括在内）。就推拉门而言，小作坊制作的价格为 400 元 / 米 ^{2} 左右，网上定制的价格为 200~500 元 / 米 ^{2}，品牌玻璃门的价格一般为 500~1 000 元 / 米 ^{2}。

2. 关于定做渠道

玻璃门分为室内和室外两种，要针对不同的需求，寻找相应的厂家。

（1）玻璃厂家（小作坊）

适用人群：只需满足基本功能需求的人群。

优点：价格相对便宜，可以自己选择玻璃及定制样式。

缺点：款式有限，多数只能做普通款型价格低的产品，多是小厂型材，配套五金、密封条质量不佳。

（2）网上定制

适用人群：和网络店铺同城的人。

优点：网络定制店一般会有实体店，可以去实体店看效果。同城也便于交流。

缺点：不适合外地买家，一是运费较高，二是看不见实物，三是不容易退换。

（3）品牌玻璃门厂家

适用人群：对核心的隔音、五金系统、节能等有较高要求，不满足于作坊式产品品质的人群。

优点：部分款式为独家研发，仿制品无法达到相同的品质；五金、配件均为系统产品，匹配度高；安装更专业，有售后保障。

缺点：售价比作坊式产品高，多数配件只可在其系统内选择，不接受客供材料或配件。

彩色门

想让空间丰富多彩，除了彩色墙外还可以选择彩色门。

门的面积虽然不大，但它对氛围的影响一点也不小。在以白色为主色调的空间里，可以单用一扇彩色门，打造空间的视觉焦点，也可以让彩色门和空间的其他颜色形成呼应。

⊙ 用多余的墙漆给防盗门来个大变身，自己动手，经济实惠，成就感十足

（图片：@ 是非分不清 -yana）

⊙ 墨绿色的房门搭配金色装饰品，复古又时髦
（图片：@ 徐 fcyfly）

⊙ 在家安一扇明黄色的门，每天进出的心情都会变愉快
（图片：@ 又右）

谷仓门

谷仓门是一种源自国外农场的木质推拉门，滑轨外露，造型原始朴实。谷仓门经过不断发展，既可以做得简约大气，也可以做得自然清新，甚至可以在谷仓门上增加储物空间，形式多样。

谷仓门的密封性和隔音效果较差，且一般不安装门锁或仅安装传统的搭扣锁，因此在私密性较强的空间（如卧室、卫生间等）不建议使用。

⊙ 深色谷仓门搭配浅色木地板，营造出丰富和谐的层次感

（图片：@ 本小墨）

⊙ 谷仓门也可以做成玻璃格子
（图片：@ 苏州晓安设计）

⊙ 谷仓门的一面做成杂志收纳架，兼具展示效果
（图片：@RIBAKUSHI）

TIPS 小贴士

1. **安装谷仓门对墙面有什么要求吗？**
   谷仓门是悬挂式的，依靠上方的滑动轨道受力，所以门洞上方的梁要有承重能力。
2. **如何在自己做的隔墙上安装谷仓门？**
   红砖或混凝土现浇的墙面是没问题的，如果是用空心砖、泡沫砖等材料砌的墙，可以选择质量好、轻质砖专用的锚栓，让轨道的锚点受力均匀（承重值可达 50~80 千克）。
3. **谷仓门的门板可以有哪些材质？**
   实木、旧木板、旧门板、金属材料、复合板。
4. **做一扇谷仓门大概需要花多少钱？**
   一扇 1 米 ×2 米的谷仓门造价为 2 千元至几万元不等，可以根据实际需求定制。影响价格的因素有：门板材料、五金件（轨道、吊轨、止动器、止摆器、防脱块、螺丝等）、做工、涂层、面积等。

双开门

双开门的一开一合之间，充满了郑重的仪式感。做双开门需要相对开阔一些的空间，只有门洞够宽，才能体现出双开门特有的气势。

⊙ 带有线条装饰的白色双开门大气典雅

（图片：@ 瀚高设计）

⊙ 只要门洞够宽，卫生间的门也可以做成双开形式

（图片：@深白空间设计）

⊙ 弧形门洞用双开门，装饰性更强

（图片：@大脑袋蓝胖）

折叠门

折叠门的形式多种多样，它可以最大限度地释放空间，既适用于狭小的空间，也可以作为隔断让空间格局自由变换。

⊙ 局促的空间非常适合用折叠门，省地儿又方便

（图片：@ 暖舍设计）

均值分割的玻璃折叠门，让空间在开放与封闭之间自由切换

（图片：@重庆十二分装饰）

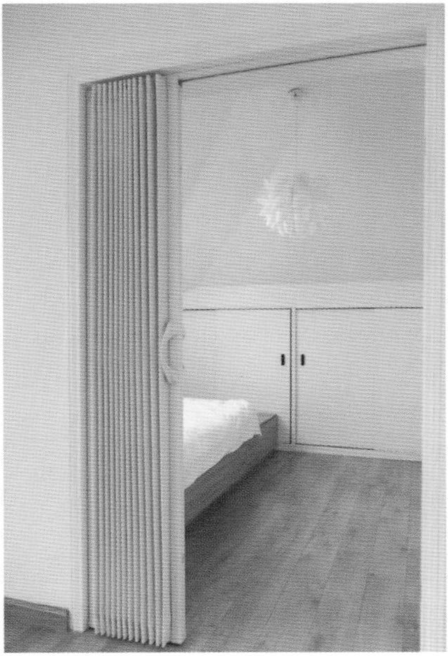

想要实现空间分合的随意切换，软质折叠门是一种性价比很高的选择

（图片：@简单的 ann）

隐形门

不仅柜门可以隐形，房门也可以隐形。隐形门让空间的完整性更强，能减少琐碎感。在视觉上，隐形门与周围环境融为一体，维持了空间的连续性与视觉效果的和谐。

⊙ 隐形门上的挂钩既是装饰，也是便于开关门的门把手
（图片：@ 瀚高设计）

隐形门与木饰面墙融为一体，极大地降低了存在感
（图片：@西安辰舍设计）

隐形门与收纳柜和谐地结合在一起，上方空间也没有被浪费
（图片：@可米设计）

窗的种类与做法

飘窗使用灵感

很多人觉得飘窗是个鸡肋的存在：它要么处于闲置状态，要么常年堆积着杂物。一个没有任何功能的飘窗当然是鸡肋，但飘窗的功能定位已经不再只是一个窗台那么简单！很多人根据自己的需求把它变成了休闲区、收纳区、阅读角……组合不同，会有意想不到的效果。

飘窗的光线一般都比较充足，可以试着以飘窗为中心或次中心，重新组合空间功能，让它回到你的活动区域中来。在飘窗区域加入吊灯、壁灯、搁板架、榻榻米、茶桌等物件，让飘窗满足更多功能需求，同时注意搭配窗帘、抱枕等软装，把飘窗变成家里最惬意的区域。

（1）休闲区

为飘窗定制一块舒适的垫子非常重要。

⊙ 四角平整的飘窗垫，放上两个靠枕，给自己一处愉快晒太阳的小天地

（图片：@ 汪莫言）

把纱帘装在飘窗内侧，光线更柔和
（图片：@ SiSi 思子）

两张小垫子，一个小茶几，自拥一方悠闲天地
（图片：@ 成都宏福樘设计公司）

（2）收纳区

⊙ 飘窗加宽后增加了储物空间，整体定制地台床、梳妆台，视觉效果更统一

（图片：@ 成都山丘设计）

⊙ 飘窗底部和侧面围合，形成功能强大的收纳区

（图片：@ TOMMO 缔诺空间设计）

⊙ 量身定制的飘窗区，与屋内地台连成一体，形成更加开阔的活动区域
（图片：@ 本空设计）

（3）阅读角

⊙ 飘窗与地台和书墙结合在一起，组成了惬意的阅读天地
（图片：@ 龙之芥）

⊙ 省地儿的小书架刚好卡在夹缝处，与搁板小书桌构成迷你阅读角

（图片：@ nora_xiaxia）

⊙ 在飘窗台上预留电源插座，方便随时给小设备充电

（图片：@ Glare1109）

落地窗使用灵感

拥有了落地窗，就意味着你的家与外界的连通不再局限在一个小格子里。“顶天立地”的玻璃窗会让空间更通透、更明亮，非常适合搭建休闲区或工作区。另外，通往阳台的那扇玻璃门，也可以当作落地窗来布置。

（1）休闲区

喜欢聚会，就把这里布置成能容纳多人的围合区；喜欢独处，就放一把简单的单人椅。

白纱帘既能遮光，又能给休闲区营造浪漫的氛围

（图片：@熹维设计）

⊙ 用地毯、蒲团和小茶几打造出专属的会客空间，像是第二个客厅
（图片：@ Mo 默）

⊙ 只需要一把躺椅，就能对着窗外的风景发一天呆
（图片：@ 吴小佳）

(2) 工作区

如果房子太小没有单独的书房，但偶尔会在家里办公，可以试着利用落地窗旁的空间，打造出一个工作台。

⊙ 单独购买或定制一套桌椅，借助挨着窗边的墙体临窗布置出一块工作区
（图片：@ 李天王）

⊙ 在窗边安一个窄条书桌，闲暇时还可以当作临窗吧台
（图片：@ 皮皮很皮）

⊙ 把书桌放在落地窗边，搭配百叶窗帘，需要的时候可以让光透进来，不想受干扰时，可以随时隔绝外部光线

（图片：@ luj9091）

窗的特别形态

（1）百叶窗

百叶窗的美，不仅在于它可以灵活调节室内明暗，更在于其营造的光影效果。它可以梳理光线，让一切看起来安静且井井有条。它也可以柔化视觉效果，过滤掉窗外不那么吸引人的风景。百叶窗，是当之无愧的“光影魔术手”！

⊙百叶折叠窗通过中间竖杆调节角度，透气、遮挡两不误

（图片：@重庆 DE 设计事务所）

如果家中已经完成了硬装部分，不能再安装百叶窗，那么选择百叶窗帘也可以达到同样的效果。百叶窗帘的材质多种多样，有实木、竹质、铝制、复合材料等，可按需选择。如果担心清洁问题又想拥有类似百叶窗的效果，也可以选择清洁起来相对方便但是光影更柔和的柔光帘，如香格里拉帘。

⊙ 将白色百叶窗帘安装在阳台，过滤掉窗外的杂乱，同时又保留了光线

（图片：@ 卷卷绿）

⊙ 安装内置百叶帘，可以免去后期清洁的步骤

（图片：@ yivalingo）

（2）折叠窗

折叠窗让空间在开放与封闭之间自由切换，相当于一个灵活的隔断，屋主可根据自身的需求变换空间格局。

可以完全折叠到一旁的全开式折叠窗，最大限度地保留了阳台的景观

（图片：@LUYI新生儿摄影）

将隐形折叠窗安装在客厅与书房之间，根据需要随时变换空间形态
（图片：@ annvol）

利用折叠窗让厨房在开放式与半开放式之间自由切换
（图片：@ 何骋）

3

空间的魔法

玄关：卸下一身尘

客厅：生活从这里开始

餐厅：装修好，吃更饱

厨房：柴米油盐，也可变成诗与远方

卧室：私密的舒适空间

儿童房：让家具和孩子一起长大

卫生间：在这里发挥创意吧

局部：花样多多的装修设计法

玄关：卸下一身尘

玄关又称为门厅，是连接室外与室内的过渡区。玄关虽小，却是每天进出家门的必经之地，承担着更衣、换鞋、做出门准备、临时置物、接待不需要入户的访客等多种功能。同时，玄关是进门后看到的第一个区域，会影响一个人对房子的整体印象，因此格外重要。但是，目前国内的商品房设计者普遍对玄关重视不足，特别是小户型，往往没有相对明确的玄关区域，或者玄关面积不足，这就需要我们在装修时因地制宜，设计出一个好看又好用的玄关。

落灰区

进门第一步，在玄关卸下一身尘土，让容易污染室内的物品停留在此。常见的做法是在入户门前放一张地垫，但是地垫容易移位，清洗也是件麻烦事儿，所以不妨试试这个新做法：利用地砖分区，或者干脆在硬装阶段就把地面做出不同高度，单独划出一个落灰区，打扫起来更方便。

落灰区用的白色方砖与日式风格的推拉门相互呼应
（图片：@ asan）

因为家里装了地暖会抬高地面，索性把进门处的一小块地方做成下沉式玄关，这样日常穿的鞋子就可以放到鞋柜抽屉下方，既整洁又方便

（图片：@烧猪肉的好兄弟）

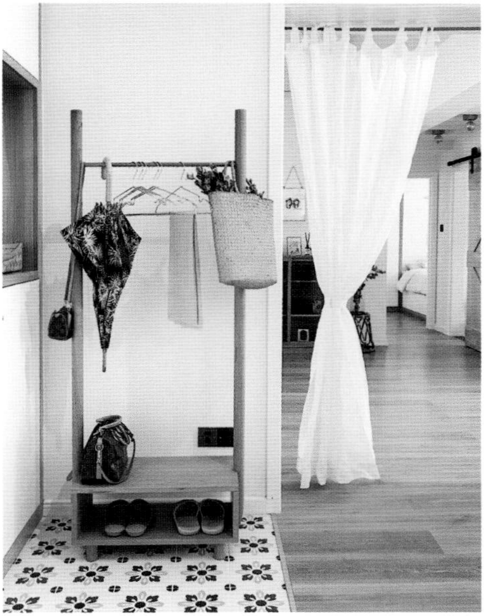

在落灰区放一个开放式衣帽架，身上的东西在进门后都有了去处

（图片：@汤圆胡梦梦）

玄关隔断

受户型限制，有些房子打开门便一览无遗，少了一些私密性。这种情况可以通过在玄关合适的位置安装隔断来改善，在保护隐私的同时，达到很好的视觉效果。

⊙ 购买成品屏风做隔断，不仅可以灵活移动，还能常换常新
（图片：@ 枝来设计）

⊙新砌的玄关隔断留出一半镶嵌玻璃，透光又引景

（图片：@成都璞珥空间设计）

⊙栅栏形状的格栅隔而不绝，使空间拥有丰富细腻的光影变化

（图片：@成都璞珥空间设计）

玄关区收纳

整体玄关柜

整体玄关柜兼具收纳、换鞋、临时置物等多种功能，视觉上具有统一感，是实现玄关功能比较理想的方式。可以考虑在整体玄关柜中设置卡座式换鞋凳，或将抽屉柜与换鞋凳合二为一，又或者衣架、鞋柜、换鞋凳三合一，实现更强的整体性。

⊙ 在整体玄关柜中设计卡座式换鞋凳，既可以坐着穿鞋，也可以随手放些东西

（图片：@ MywayS）

⊙ 玄关柜留出一部分开放空间，不仅方便置物，还能起到装饰作用
（图片：@双宝设计）

⊙ 在整体玄关柜下设置开放式的常用鞋区，使用起来更方便
（图片：@Risa17）

悬挂式收纳

面积不大的玄关区，常有与其他功能区域（餐厅、客厅等）融合的情况，如果没有足够的空间做整体柜，不妨采用悬挂式收纳方式，用好搁板和挂钩，一样能满足基本的收纳需求。注意，不要只开发高处墙面，整面墙都可以被充分利用，收纳不同种类的物品。

⊙ 利用洞洞板加搁板的组合，可以根据个人需求自由调整收纳布局

（图片：@ 知道秘密的人）

⊙ 两面墙组合为玄关，在穿衣镜上方加装镜前灯补充照明
（图片：@ Penguin）

⊙ 多种悬挂方式组合，形成轻巧玲珑的玄关收纳体系
（图片：@ 设计师灰子）

换鞋凳

换鞋凳的高矮以坐着舒服为标准，如果玄关柜下方有多余空间，可以直接用来收纳鞋子或者放置收纳箱。如果玄关空间不足，可以考虑在墙面安装折叠式换鞋凳，不用的时候收起来，几乎不会额外占用空间。

⊙ 设计感很强的椅子放在玄关，既是换鞋凳，也是一件赏心悦目的艺术品
（图片：@ 聂豹）

可折叠的换鞋凳只占用很少的墙面空间，省地儿又实用

（图片：@ Carloschen）

换鞋凳、衣架与镜框都选择了和谐的原木色，整体感更强

（图片：@ TK 原创设计）

鞋柜

除了常见的顶天立地式多功能收纳柜，独立的鞋柜也很实用，根据门厅面积大小和个人喜好，可以定制或购买成品鞋柜。为了满足男女鞋的收纳需求，建议在鞋柜内部使用活动层板，方便根据鞋子的高度调整层高。另外，鞋柜的柜门可以考虑用百叶门，便于通风散味。

⊙ 在鞋柜内部安装感应灯，再也不用摸黑找鞋

（图片：@ onlywhite）

⊙ 在鞋柜上方可以做一些装饰性的布置，实用性与美观兼具

（图片：@ 启物设计）

⊙ 如果玄关比较窄小，可以选择进深较浅的鞋柜

（图片：@ Amy 方蓉）

关于如何收纳鞋子

合理利用空间，搭配各种实用小妙招，几十甚至上百双鞋也能实现完美收纳。不用鞋盒可以节省不少空间，但鞋子容易落灰，需注意除尘；如果使用鞋盒，切记做好区分、标注，以方便拿取。鞋子不必都集中在一起，可以利用一些柜体的顶部、边角来收纳过季鞋子。不要丢弃买鞋时附赠的干燥剂和定形架，部分鞋子怕潮、易变形，要格外注意。

⊙ 将鞋子照片打印出来贴在鞋盒表面，以便于管理成堆的鞋子
（图片：@ 闷鹿小姐）

⊙ 统一鞋盒保持视觉干净，采用透明盒身可以快速找到鞋子，不必再翻箱倒柜
（图片：@ tt233）

⊙ 超省空间的旋转式鞋架，拿取方便
（图片：@ xxixLoong）

客厅：生活从这里开始

沙发不必靠墙放

“一面靠着沙发，一面靠着电视”是国内最常见的客厅布局。如果你觉得这样有些死板，不妨试试沙发不靠墙的做法。直接用沙发来划分空间，可以让客厅的设计感更强，同时不留死角，更方便打扫卫生。选择这种空间布局时，要提前规划好，在沙发后面预留出足够通过的空间，电视背景墙与沙发的间距最好能达到 3.5~4 米；在安排电路布局时需合理地规划插座的位置，可考虑安装地插；同时，尽量选择体量合适的沙发与家具，避免视觉上太满。

沙发后临书架，打造一整面震撼的搁板书墙

（图片：@ KingWaySun）

⊙ 砌一堵半墙，实现客厅与书房一体化，使空间显得通透明亮
（图片：@ 009 姐姐）

⊙ 主沙发不靠墙，将会客区和餐厅自然分隔开，家具选择同一色系，东西多而不乱
（图片：@ ttjane）

可收纳电视背景墙，实用美观两不误

将收纳空间与电视背景墙相结合，不仅可以把零七八碎的物件藏起来，还可以将心爱的宝贝展示在最显眼的地方。电视墙和电视柜可以定制成不同的形状和组合，但是要充分考虑自己的需求。如果是“落灰恐惧症患者”，不妨加装柜门。

安装移门，关上时是封闭式的壁柜，看电视的时候再拉开，移门还可兼作电视背景墙后卧室的门

（图片：@木本清源设计）

⊙ 封闭与开放结合，同时满足储物与展示的需求
（图片：@ illusionnini）

⊙ 定制整面墙的开放式收纳柜，嵌入式设计不会让柜体显得笨重
（图片：@ 涵瑜设计）

沙发背景墙的简单装饰法

用装饰画点缀墙面空间，是各种墙面装饰方法中最为简单也最经济实惠的一种。布置尺寸不一样的装饰画有很多规则可以遵循，其中比较实用的是对齐法。让几幅画框的一边对齐，形成一条直线，或者摆成整齐的矩形。

⊙ 让几张画框的下边缘在同一条水平线上，把尺寸最大的挂画放在中间，左右各挂一幅小画，在此基础上自由发挥

（图片：@ Penguin）

⊙ 以画框的上边缘为基准对齐
（图片：@ 素色静语）

⊙ 大小相同的画挂成一排是最保险、最不易出错的方法
（图片：@ Four 先生）

⊙ 以大、中、小为一组的装饰画组成矩形，注意画框底部边缘与沙发、墙顶之间的距离
（图片：@ 玛塔雅）

选用图片架能节省空间，随意变换图片的位置就可以营造出不同的感觉
（图片：@ Luuuuuuuuu）

大型装饰画不必搁在墙面中心，在另一头空白处选用了长臂灯，丰富了空间趣味性
（图片：@ 唐躲拉）

客厅的主角只能是电视吗

随着投影仪等设备在家庭中的普及，电视已不再是必需品，对于不看电视或很少看电视的家庭而言，大可不必让客厅的布置围绕电视进行，可以根据自己的兴趣爱好来突出客厅的视觉重点。摆不摆电视，怎么摆电视，都是基于个人需求的一种选择。

沙发的摆放呈围合式，更显亲密感，客厅的视觉中心是对称感十足的书架

（图片：@ 本小墨）

⊙ 客厅根据主人的兴趣而设定，电视、沙发都不再是必需品
（图片：@ 设计师史鹏巍）

⊙ 客厅中可以放入展示柜，展示柜内部预留了隐藏灯带，形成一种展馆式的展示效果
（图片：@ 杭州尚舍一屋室内设计）

⊙ 以壁炉作为客厅的视觉中心也是一种布局选择

（图片：@ 丸子大王 Jessica）

餐厅：装修好，吃更饱

餐厅布局

“在家吃饭”不仅是生活的必要选项，也是一种具有仪式感的行为。无论住房面积大小、户型如何，只要有心，你就能布置出令人愉悦的用餐环境。坐在餐桌前好好吃饭，既是对自己的款待，也是在快节奏生活中与家人沟通感情的最佳场景。

折叠桌

若空间有限，可选用壁挂式、可移动式折叠桌。折叠桌使用方便、功能丰富，能有效节省空间。如果经常有朋友来做客，建议选择带翻板、可伸缩的折叠桌，它可以根据需要随时“变身”。不常在家吃饭的人，可以折叠桌椅并用，需要的时候摆出来，平时收好，完全不占地方。

⊙ 小折叠桌使用灵活又节省空间，在这里喝茶或阅读都不错

（图片：@ 戏构工作室）

可折叠的桌面既是餐桌，也是吧台
（图片：@张雯CiCa）

可抽拉式桌面通过滑轨隐藏在台面下，十分节省空间
（图片：@因一）

圆桌

圆桌是中国家庭中最常见的餐桌形状，它没有折角，每个人与桌子中心的距离相等，不管坐在哪里都能夹到中间的菜，最符合中国人喜欢“团圆”的传统观念。无论是在迷你餐厅，还是在大型餐厅，圆桌都能灵活适应。

在沙发边挤出一个小型就餐区，圆桌很友好，空间不会因之而显得拥挤
（图片：@EVA 琉）

⊙ 大圆桌可以轻松容纳 4~8 人用餐，只要其直径不超过 1.2 米，用餐者夹菜时就不用站起来

（图片：@ 鸿鹄设计上海站）

TIPS 小贴士

桌子选购注意事项

（1）网上定制

优点：便宜，有价格优势。

缺点：款式有限，只能按照店家既定的款式定制尺寸和颜色。

网络定制也有售后保修服务，需提前了解清楚，一般保修期为一年。

（2）家具厂家

优点：可以实现个性化定制。

缺点：价格略高。

家具厂也会接私人订单，如屋主有需要可以去谈，但还是通过设计师联络更可靠。

（3）施工队

优点：能满足各种异形空间的定制需求，可以做到和其他现场制作部分的材质统一。

缺点：现场制作细节与定制类差异较大，尤其是收口与表面涂装。

现场制作时最好使用水性漆，异味小、毒性低。

长桌

长桌是近年来多数家庭的选择，市面上产品种类很多。长桌形状规整，好摆放，用桌布、鲜花等进行装饰后，非常具有仪式感。

⊙ 选择原木色长桌及同色系餐椅，为就餐带来自然清新的氛围

（图片：@ 瘦肉皮冻）

⊙ 长桌的一侧可以灵活搭配长条凳

（图片：@ 牧蓝空间设计）

⊙ 在设立岛台的餐厨空间中，可以将长桌与岛台并排放置，互为补充

（图片：@ 樱依）

餐厅收纳

搁板

在餐桌附近安装搁板，既可以收纳物品，也可以作为装饰，配合餐边柜还可以打造成实用又时髦的家庭水吧台。

⊙ 餐桌靠墙放时，在墙面上安装搁板，再摆上装饰物就成为餐厅的视觉中心

（图片：@ 屈小姐的家）

⊙ 餐厅的家具全部选择同色系，整体性更强（左）
（图片：@ 靳日畈）

⊙ 利用搁板和餐边收纳柜，在餐桌附近打造家中的咖啡角与水吧台
（图片：@Super_Candice）

卡座

卡座是空间利用的秘密武器。如果餐厅小、餐厨一体、餐厅形状不规则导致无法摆下常规餐桌椅，可以靠卡座来解决。卡座不仅能容纳很多人，还能兼顾收纳功能，非常实用。卡座属于定制产品，屋主可以根据空间需求确定尺寸，注意选择环保材料。

⊙ 一字形单排卡座最常见，靠墙定制，下方可收纳杂物，对面摆放餐椅
（图片：@ Jessica 漫生活）

⊙ 卡座下方提前留出插座，方便使用各种电器
（图片：@ 小羽小事）

⊙ 匚形卡座充分利用转角空间，小圆桌让动线更流畅
（图片：@ 盛晓阳）

餐边柜

餐桌总是堆满杂物，吃饭只能挤在一头儿？你可能需要一个餐边柜。餐边柜既能收纳物品，又具有一定的装饰作用，可以成为餐厅的视觉焦点。建议餐边柜的风格与餐厅整体风格保持一致，如果担心落灰，可以选择全封闭式餐边柜或加装玻璃柜门。

⊙ 定制了整整两面墙的全封闭式餐边柜，收纳能力惊人，同时也可以当作西厨区加以利用

（图片：@ 谷辰设计）

⊙ 餐边柜和入门鞋柜一体化，形成转角，合理利用空间
（图片：@tsuki）

⊙ 高颜值的餐边柜能为整个空间增色
（图片：@ LIVIN 利物因）

餐厅照明

灯光的重要性不必多说，光影的变化会直接影响一张照片、一场演出、一部电影的好坏，餐厅的灯光也不例外。灯的种类很多，在餐厅使用吊灯是最容易增进食欲、营造温馨氛围的。小户型餐厅在常用的小方桌或折叠桌上方低垂一盏吊灯就足够了；供多人就餐的长桌，灯具的选项就更多了，既可以是单独一盏灯，也可以是几盏灯的组合，只要能照顾到每个区域的用光需求就可以。注意，吊灯的位置应该在餐桌的正上方，而非餐厅的正中间。

⊙白色吊灯与木色餐桌、白色壁柜及木色边条形成呼应，简洁干净（图片：@熹维设计）

⊙在满足照明的情况下，若想提升空间层次感，可以变换灯具的悬吊方式，比如高低错落或者非对称排列
（图片：@啊南）

⊙同款不同色的吊灯搭配很有亮点
（图片：@太阳是我用手搓圆的）

两盏吊灯一字排开，粉色缓和了灰白色餐厅的冰冷感
（图片：@糊糊苏。○）

TIPS 小贴士

1. 关于吊灯的尺寸

餐桌上方的单头吊灯常见尺寸为直径 35~50 厘米，当两盏或三盏灯组合时，每盏灯的直径不宜超过 40 厘米。这样可以保证吊灯与餐桌和空间构成一个协调的比例。

2. 关于吊灯的悬挂位置

以桌面为参照，吊灯距离桌面 75 厘米左右为宜。如果吊灯灯罩为散射型半透明材质，则需要安装得更矮些，或选择光源更亮的产品，因为部分光线没有投射在餐桌上。多盏排列时，两端留空距离大于灯与灯的间距，吊灯与餐桌的关系会显得更紧密。

客餐厅一体化

不一定要把餐厅安排在封闭的屋子中，可以尝试把餐厅与客厅打通，让视野更开阔，让空间更具通透性。

⊙ 整个空间通透敞亮，用地毯将会客区与用餐区区分开来

（图片：@ Tk 原创设计）

⊙ 客餐厅一体化，保持上半部分视线的通透，可选用半截墙体或者较矮家具进行隔断
（图片：喜屋设计）

⊙ 开放式厨房加上一体化的客餐厅，空间的通透感更强
（图片：@ 涵瑜设计）

厨房：柴米油盐，也可变成诗与远方

厨房布局

科学布局“基本法”

每个家庭的厨房大小、形状不同，厨房的建筑结构在房子中往往也是比较复杂的，橱柜等设施如何安置，都要因地制宜，很难说怎样做最好。但这并不意味着厨房的布局没有规律可循。在规划厨房布局时，最简单的办法就是按照做饭的流程，将主要环节所需的设施按照动线先后顺序进行排列，动线明晰了，相应的布局也就明确了。

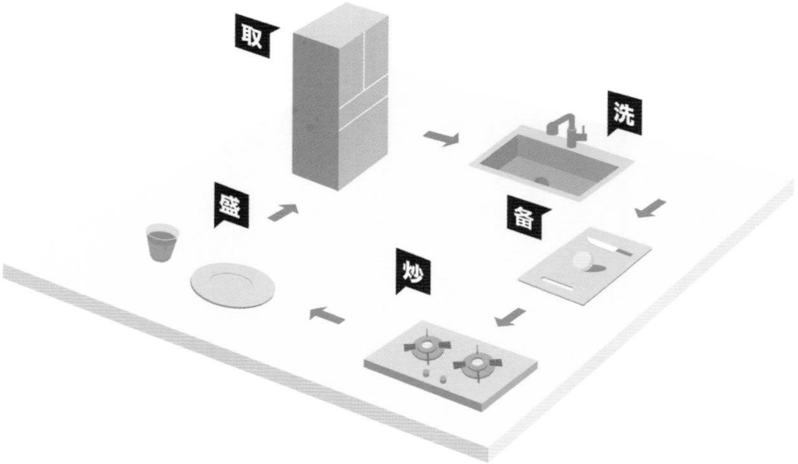

图 3-1　厨房科学动线布局示意图

无论是 I 形、L 形、U 形还是其他形状的厨房，只要保证上述流程可以顺畅完成，尽量减少动线折返，就是很高效的厨房布局了。

开放式厨房

开放式厨房空间通透，视线没有遮挡，可以一边做饭，一边与家人毫无阻碍地交流，让“做饭”不再是“孤独的苦役”。餐厨一体或客餐厨一体的开放式空间可以成为家中的核心交流区，因此越来越多的家庭开始选择开放式厨房。

有人担心开放式厨房不符合中国人的烹饪习惯，其实无论是开放式厨房还是封闭式厨房，没有绝对的优劣，每个家庭要从实际需求出发。如果实在热爱开放式厨房又怕油烟满屋，不妨选择吸力强劲的排烟设备，同时考虑用通透的玻璃移门进行空间分割——平时敞开，需要封闭时将门拉上即可。

玻璃推拉门让厨房在开放与封闭之间自由切换
（图片：@ MywayS）

⊙ 餐厨一体，餐桌可以作为厨房操作台面的补充，开放空间有利于家人之间的交流
（图片：@ 小鹿叮铛）

⊙ 岛台与吧台结合，延伸出来的台面让吧台区使用起来更舒适
（图片：@ Lee-Young）

中岛

大型开放式厨房布局可以更灵活。如果日常烹饪既有中式也有西式，建议屋主选择中岛形布局，获得更大的操作台面与储物空间。同时，中岛可用作料理台、餐桌、餐柜等，满足各种各样的需求。

⊙ 中岛与餐桌连接在一起，既可以作为操作台面的补充，又在空间上有了延伸感
（图片：@ 十二间设计）

中岛柜安装了水槽，便于多人同时操作，岛台下方还可提供额外的储存空间

（图片：@苏州大斌设计设计师曹亮）

可以在中岛台上安装电源插座，便于使用小型电器

（图片：@小脸圆又圆）

吧台

家中的社交中心不一定只有客厅，餐厅、厨房也是不错的选择。在小户型里采用开放式厨房搭配吧台，会让空间功能更丰富；在大户型里，吧台又能起到分隔作用，让两个功能区更明晰、更独立。此外，吧台还可以作为厨房里的餐厅区和墙边的休息区，请客时主人可以一边下厨一边与坐在吧台小酌的客人交流，非常惬意。

在备餐台上垫高一块空间，就可以变成你想要的吧台

（图片：@成都之境内建筑设计）

⊙ 在传菜口前放两个吧椅，此处也能兼作吧台
（图片：@ 清羽骑单车的小白）

⊙ U 形厨房的其中一边作吧台，也是常用的设计手法
（图片：@ ID 城市空间设计）

TIPS 小贴士

设置吧台注意事项

（1）吧台通常有两种高度，90 厘米和 110 厘米，市面上固定高度的吧椅也与该尺寸对应。

（2）吧台的台面宽度一般是 40~60 厘米，具体宽度视吧台的功能而定，只喝饮料与用餐所需的台面宽度不同。如果吧台某一边打算坐人，此处台面就需要比下方柜体突出至少 20 厘米。

西厨

西餐的准备过程一般需要较大的台面操作空间，但很少动用明火，油烟也不多。如果有条件，可以考虑设立单独的西厨空间，作为冷餐、烘焙及饮品制作（水吧台）等活动的专区。西厨区域可以与岛台配合使用，也可以和中厨分开，在家中合适的区域另行规划。需要注意的是，西厨大多配合各种家电的使用，要多留出一些插座；如果有条件，在西厨区安装一个水槽，日常洗刷都会更方便。

⊙ 安装高柜、嵌入烤箱等厨房电器，更方便在西厨区域操作

（图片：@ 宇超和雪玉）

岛台周围设立西厨非常方便，操作动线高效流畅

（图片：@刺猬桑）

中西厨分开，两种使用场景互不干扰，西厨几乎不会产生油烟，可以放心地把空间完全打开

（图片：@匪头小白）

厨房橱柜

台面高度

建议台面高度根据经常做饭的家人身高来设计，不同的操作区域可以选择高低不同的台面。清洗和准备食材的时间比较长，属于精细操作，台面高一点的话可以避免长时间弯腰造成的腰背肌劳损。做饭的人在炉灶区主要进行翻炒的重复动作，还需要将锅端上端下，台面矮一点会更省力。

厨房台面做了三个高度：水槽区最高，切菜区中等，炉灶区最低

（图片：@宅蘑菇 Moku）

大单盆水槽配上加高的台面，洗碗不费力，身后的置物架更高，方便拿取
（图片：@ 老着急）

U 形厨房的高低台面操作更方便，分区更明显
（图片：@ 蓬蓬先生）

台面材质

（1）石材台面

天然石材如今很少应用在厨房台面中，虽然其自然纹理漂亮，但因材质的特点而容易渗入液体、耐冲击性低，所以大部分已被人造石取代。

人造石包括亚克力和人造石英石，市场上为了便于区分，常常将亚克力称为人造石，将人造石英石简称为石英石。两者均为人工合成材料，亚克力可塑性高，可选的颜色范围广，拼接时几乎可以做到无缝处理，但耐磨性稍差，需要通过打磨来翻新。由于早期市场上粗制滥造产品太多，亚克力逐渐被认为是不佳的材料，鲜少有人选择。人造石英石是大约于 10 年前推出的台面材料，早期均为进口品牌，近几年国产品牌推出后，人造石英石成为主流的台面材料。相较亚克力台面，人造石英石添加了石英颗粒，耐磨性更高，也因此有了半通透的颗粒感，但其可塑性稍差，接缝无法打磨。

（2）不锈钢台面

不锈钢台面平滑少缝隙，便于操作，不易滋生细菌，为绝大多数酒店、饭店后厨所采用。其优秀的特质在普通家庭中同样适用，加之有金属光泽，适合工业风装修，成了许多屋主的选择。普通蒙板式不锈钢台面基材为木质，需要避免冲击和高温，否则会产生起鼓、变形等问题。如果预算充足，建议屋主选择实心不锈钢台面，挺括度高，容易保养，效果更好。

⊙ 带花纹的不锈钢台面搭配白色橱柜，简单清爽
（图片：@ 5nnnnn）

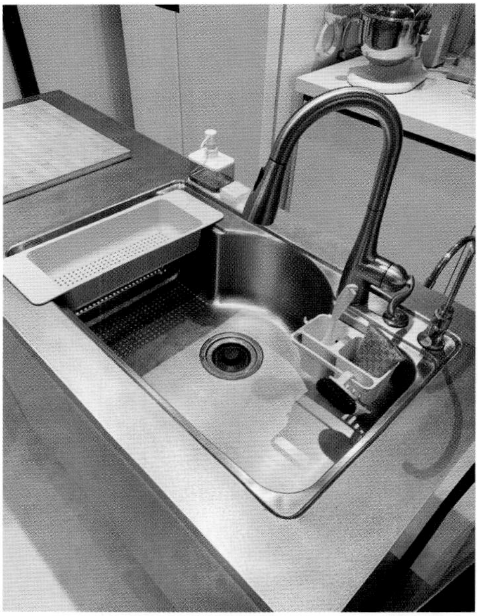

不锈钢台面可以与不锈钢台盆焊接为一体，便于清洁打理

（图片：@纸飞机机机）

不锈钢台面搭配原木色橱柜，稳重大方。建议新买的餐具用砂布磨底后再使用，可以避免磨花台面

（图片：@夏眠）

（3）木质台面

木质台面颜色百搭，纹理自然，让厨房看上去温暖柔和。但木质台面在厨房环境中的保养比较麻烦，需注意高温锅底不可长时间接触台面，还需避免锐器的冲击及液体的长时间停留。

⊙ 温暖的木质台面，为酷酷的黑白厨房增添一丝自然的气息

（图片：@ Sugar）

⊙ 木质台面搭配白色橱柜和壁柜，更显清爽

（图片：@ EVA 琉）

（4）岩板

岩板是近年来兴起的一种新型材料，它具有耐高温、耐腐蚀、耐渗透、耐刮擦、抗菌能力强等优异性能，可以用于橱柜台面、柜门或作为墙面装饰板。岩板具有极高的强度，你甚至可以直接把它当作砧板使用。同时，岩板有各种各样的花纹，无论是仿木纹还是仿大理石纹，效果都十分逼真。作为新材料，岩板目前的价格比较昂贵，推荐预算充足的屋主选用。

岩板可以做成逼真的木纹式样

（图片：@ 目申设计）

用仿大理石花纹的岩板将台面与墙面做成一体，整体感非常好

（图片：@ MsWinkie）

岩板台面可以直接当作砧板使用

（图片：@ 留白 prince）

橱柜选择

（1）白色橱柜

想让厨房看起来清爽明亮，妙招就是白色橱柜搭配白色墙面。也许你要说：这也太素了吧？不必担心，台面、地面、顶面甚至厨房门都可以在颜色上贡献力量。此外，白墙配白柜，也是美貌厨具的最好衬托。

⊙ 白色橱柜搭配木色餐桌和湖蓝色餐椅，十分清爽

（图片：@ 刘一汀）

⊙ 以黑、白、灰为主色调的厨房显得简单干净，各种颜色的餐厨用品可以成为亮眼的装饰
（图片：@ 西瓜 ADA）

⊙ 白色 + 原木色，经典且温暖的组合
（图片：@ 鸿鹄设计上海站）

（2）木色橱柜

木质纹理让“油烟重地”也能清新自然。常见的木色橱柜有三种材质：双饰面板花色丰富，平板结构适用于多种规格，把手选择范围广；模压板造型丰富，无须封边，解决了封边可能开胶的问题，但耐高温性能稍差；实木板质感上乘，但防潮性差，容易变形，且价位较高，最好选择实力过硬的厂家和施工队。

白色台面搭配浅木色橱柜清新温暖，是厨房区的经典配色

（图片：@ Linc_ 木卡工作室）

⊙ 橱柜全部用木色，整体感更强，地面选择沉稳的灰色地砖，好看且耐脏

（图片：@ 桃 Yannn）

⊙ 屋主在灶台对面又加了一组台面地柜和一个立式通顶柜，一是增加了台面数量，方便备菜，二是多了些储物空间放瓶瓶罐罐，三是完美藏起了燃气表

（图片：@ memedoo）

（3）灰色橱柜

灰色是近年来的橱柜流行色，既可以营造出具有极简风与冷淡风的厨房，也可以通过在橱柜门板上设计造型线条，使厨房充满高雅的复古风情。

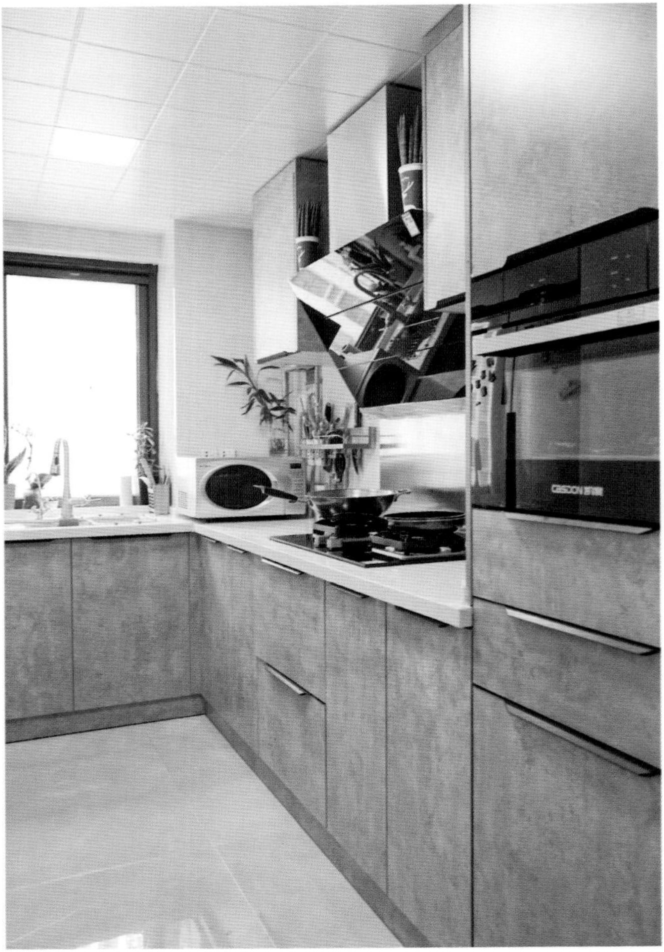

⊙水泥灰色的橱柜充满了冷静的克制感

（图片：@茶渡泰虎）

⊙ 灰色配白色，营造出清爽雅致的厨房空间
（图片：@ 源景）

⊙ 灰色橱柜可以轻松地打造出现代风格十足的厨房
（图片：@ Joanne 程）

TIPS 小贴士

1. 在选购橱柜时要考虑哪些因素？

（1）材料的环保性：主流材质是三聚氰胺饰面板（芯材为刨花板，覆印花纸，表面为三聚氰胺饰面），可以选择 E1 级及以上的板材。

（2）台面的抗污性、耐磨性和安全性：很多烹饪操作都在台面上进行，台面和食物的接触也最为密切。

（3）五金件的质量：直接关系到橱柜的使用寿命。

2. 在定做橱柜时要注意什么？

（1）要测量两遍，第一遍是水电开工之前，先定水电点位，拿到方案后报价；第二遍是在厨房砖铺贴完毕后，再精确测量，核实现场情况，之后才能下单生产。

（2）应向设计师提供厨房电器的详细信息，比如是否有嵌入式电器，其尺寸大小和数量分别是多少。这些都关系到插座如何排布及进出水如何设置。

3. 在验收橱柜时要重点检查哪些细节？

（1）门板封边是否有突起，是否夹杂异物，缝隙有无损伤，门板是否平整、安装高度是否一致。

（2）台面有无明显划痕，台面接缝是否平滑、一致。

（3）至于五金部分，着重检查拉手、铰链、滑轨是否牢固，在开合过程中是否灵活。

厨房水槽

厨房水池该选单槽还是双槽，其实没有绝对的答案，只要用起来方便，一切依个人需求和使用习惯而定。单槽容量大，双槽用途多，当然最终选择还要考虑厨房的大小。

（1）大容量单槽

大容量单槽洗锅、洗碗都方便，水不会溅得到处都是，适合面积较小的厨房。如果担心放碗或洗菜的问题，可以加一个能活动的洗菜盆搭配使用，也可以购买可以放在水槽上使用的单盆架，或者配一个超级实用的沥水盆。

能把整个长柄锅放进去的超大单槽，很宽敞

（图片：@潘小阳）

在水池内侧放置一个沥水收纳工具，边洗边收也很方便
（图片：@ digiray1010）

水池区黑白搭配简单干净，黑色水池真的很酷
（图片：@ 拉鹿来）

（2）可分区的双槽

双槽属于传统水槽，以用途多样化为卖点，两个水槽的功能有区分，不同的东西不用混在一起洗。

使用双槽需要买一个好的下水器，因为好的下水器内壁光滑，不易堵塞。而有些双槽自带螺纹管或较细的下水管，容易留油、反味。安装下水器时，在水槽和下水器衔接处、垫片的上下两处，都要涂上玻璃胶，以防漏水。

⊙ 卡槽可以用来晾洗完的砧板、锅以及其他杂物，实现功能分区

（图片：@AN 曾令华）

⊙ 选择台下盆，台面有水可以直接往水槽里抹

（图片：@逆时针）

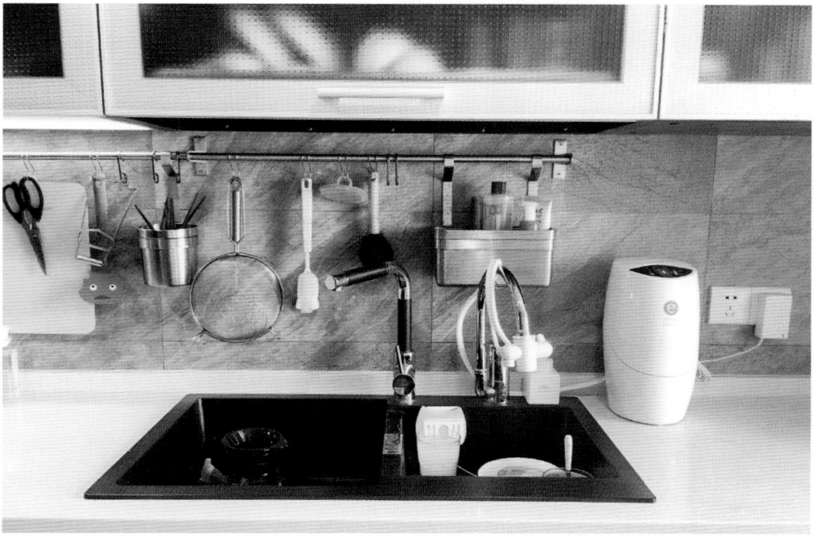

⊙ 双槽适合收纳，抽拉式水龙头可以轻松冲洗水槽的角落

（图片：@ teikoo）

嵌入式厨电

洗碗机、烤箱、蒸箱、微波炉、冰箱……厨电多种多样，如果厨房空间足够，可以考虑购买嵌入式厨电或做嵌入式处理。在视觉上，这样的厨房会更加美观统一，而且嵌入式厨电相对来说也更加个性化。需要注意的是，要提前选择好嵌入式厨电的型号，以便在水电改造阶段确定好预留位置，从而确定橱柜的定制尺寸。

⊙ 安装嵌入式冰箱时，需要在设计橱柜前就决定好型号，并留出适当的通风散热空间

（图片：@ 才和文）

样式美观的嵌入式厨电为厨房的视觉效果加分
（图片：@ 成都 U 家工场设计）

若要在高柜中安装嵌入式厨电，需在规划时考虑好设备操作的高度，避免过高或过低导致操作不便
（图片：@ 脸圆的崔小姐）

厨房照明

传统厨房只有天花板上的一盏顶灯，使用时间最长的备餐区、清洗区会因为操作者身体的遮挡变成照明盲区。所以，在橱柜周边添加补充光源很重要，可以用射灯、筒灯、灯带、吊灯、壁灯等多种选择解决厨房的局部照明问题。需要注意的是，在改造水路电路以及定制橱柜前就要确定好灯具安装的位置，以便预留照明专用线路。如果装修已经完成，也可以增加灯具，但需要注意用电安全，同时避免线路外露影响美观。最简单的办法是选择使用电池的灯具，直接安装在橱柜下方。

⊙ 将射灯或筒灯嵌在橱柜下面并隐藏起来，按照橱柜走向和使用习惯来分配灯的位置

（图片：@ magicherry）

⊙ 安装时需要计算好灯具的间距，保证厨房台面的每个操作区都有光照

（图片：@偷米饭）

⊙ 安装在橱柜边缘的灯带和灯管，突出壁柜的轮廓线，形成一种悬浮感。如需安装灯管，建议在前期装修时就预留线路和开关的位置

（图片：@ Nicky）

厨房收纳

相比于客厅、卧室等区域，厨房的面积一般比较小，而需要收纳的餐具、厨具、食材、调味品、清洁用品，以及大大小小的厨电等，种类和数量繁多，可以说厨房收纳是对持家高手的终极考验。其实厨房收纳和其他空间收纳一样，需要遵循一定的收纳原则，借助合适的工具，最终要以自己的需求为出发点。

有人喜欢将所有东西都“藏起来”，让台面上空无一物；有人喜欢将物品按照一定的规律摆放，看着满满当当但又不会过于杂乱。无论你选择哪种方式（或两种方式结合），最重要的原则是“就近收纳”——在哪儿用的东西就放在哪儿，不仅好拿（提升使用效率），还好放（降低归位的难度）。整洁的厨房不是靠大扫除扫出来的，好的收纳方案一定是易于维护的。

（1）抽屉与拉篮

⊙ 调味拉篮设立在灶台一侧，方便使用

（图片：@ 看把钝刀烦的）

抽屉内部用更小的单元对物品进行分类，收纳做得更加细致实用
（图片：@小圆夫人）

抽屉内部可以再做一个『屉中屉』，将垂直空间利用得更加高效
（图片：@raracoo）

（2）搁板与吊杆

搁板与吊杆能有效拓展墙面的垂直收纳空间，同时也可以将好看的餐厨用具展示出来。

⊙ 搁板和吊杆是好看厨具的最佳展示地

（图片：@ 只爱陌生人 stranger）

⊙ 厨房不做吊柜，上方空间更加通透

（图片：@ NXM2333）

⊙ 小厨房借助搁板与吊杆有效利用墙面，在垂直方向上扩大收纳空间

（图片：@ 老万不爱争）

（3）厨房收纳神器

伸手够不到的橱柜高处、L 形橱柜的转角内部等，东西放进去就很难取出，时间一长就会被遗忘，形成卫生死角。这些“鸡肋空间”可以通过一些工具被巧妙地利用起来，拓展成可以高频使用的收纳空间。

定制特殊尺寸的夹缝柜，不浪费任何空间
（图片：@ 徐重）

“大怪物”高柜联动拉篮能把零碎的瓶瓶罐罐组合起来收纳，有效提高柜子的储物效率
（图片：@ 才和文）

转角拉篮拯救厂形橱柜的拐角空间

（图片：@至要紧有趣）

吊柜处安装“小怪物”下拉式拉篮，不必再踩着凳子拿东西

（图片：@ memedoo）

卧室：私密的舒适空间

卧室不只是一张床

在对“好好住”用户的一次调研中，我们发现大家使用彩色墙比例最高的空间就是卧室。卧室是最私密的空间，它不仅是睡觉、休息的场所，更是让人彻底放松身心的地方。在装修时，你可以放心地在卧室尝试那些你担心在公共区域会失败的创意，只要喜欢，只要舒适，一切都可以按照自己的心意来安排。

装饰你的床头区

床头决定了一张床的风格，它会影响人睡前的情绪，甚至间接地影响睡眠质量。好好装扮你的床头区，为卧室营造最适合的气氛。

挂张画吧！

把装饰画作为床头背景墙的视觉中心，可能是最简单、也最省钱的装饰方式。可以只挂一幅画，也可以让多幅画呈高低错落排列，挂什么、怎么挂，可以自行发挥。

只要契合氛围，挂一幅画也很好看
（图片：@shuyan）

⊙ 小幅的装饰画可以和家具左（右）对齐悬挂
（图片：@张兮兮_）

⊙ 装饰画不规则排列，但是在题材与色彩上有所呼应
（图片：@迪尚设计）

不要被“床头柜”的概念束缚

在睡前，你总有些小东西需要顺手放在床边，所以床头柜也就有了存在的意义。其实，不一定要专门买一个叫作“床头柜”的家具来承担这个使命，床头柜更不一定非要成双成对，并与床搭配成套，只要具备收纳与搁置零碎物品的功能，床头柜的选择有很多。

把边几当作床头柜，下方可以用收纳筐补充储物功能（图片：@代小什）

⊙ 小推车当床头柜，占地面积小，收纳能力却很强，还可以灵活地四处推动

（图片：@ 鲸鱼 papa）

⊙ 迷你化妆台「兼职」床头柜，非常适合面积不够充裕的卧室

（图片：@ Summer8733）

⊙ 色彩跳跃的凳子也能当床头柜，满足收纳随手小物的需求即可

（图片：@ ballllll）

⊙ 高度合适的铁皮小柜子不仅实用，还营造出简洁感

（图片：@ 听听是天才）

地毯和卧室更配哦

在卧室里铺一张地毯，从视觉和触觉上会给空间带来温暖与柔软的感觉。在中国家庭中，选择满铺地毯的不太多，大家还是喜欢把地毯用在局部空间的布置上。一般来说，大尺寸的地毯可以有一部分压在床尾铺，长方形的条状地毯可以铺在床的两侧，而在卧室其他休闲区域，可以根据喜好，铺设块毯或圆毯。

⊙ 床侧铺设一条地毯，享受下床时赤脚踩上去的柔软触感
（图片：@ 鸥娣娣）

⊙ 地毯压在床尾是一种很经典的铺法
（图片：@ 汪莫言）

⊙ 在卧室窗边的休闲区域，铺一张圆毯，营造出一种活泼的感觉
（图片：@ cookieker_ 木卡工作室）

梳妆台，让化妆更有仪式感

要想安排梳妆区，卧室空间是首选。坐在光线充足的镜前护肤、化妆，是一件令人愉快的事。哪怕卧室的面积不大，摆放不下一张常规尺寸的梳妆台，也可以因地制宜，布置出一个好用的迷你梳妆区。

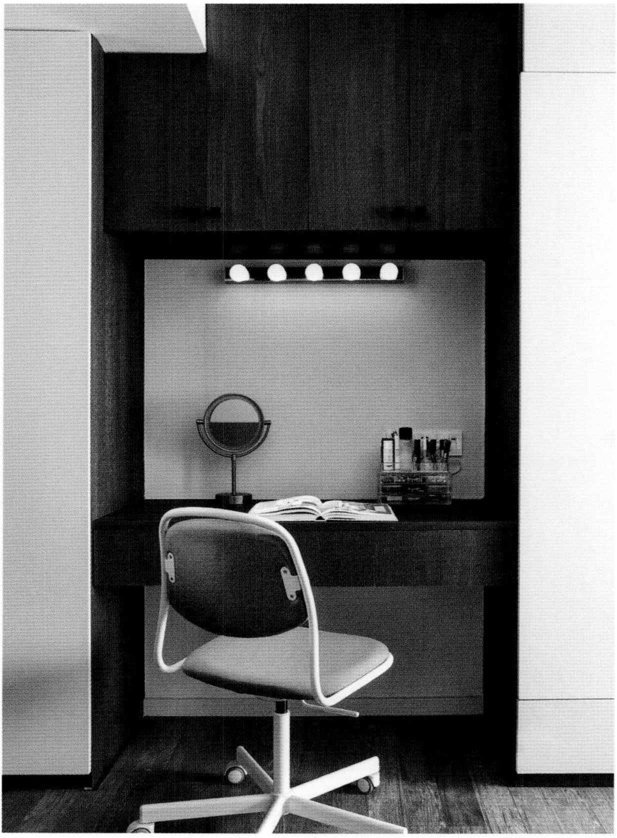

⊙在墙角或难以利用的角落安装内嵌式梳妆台，省地儿又好用

（图片：@目申设计）

⊙ 窗边最好的光线和位置留给化妆台，墙上的收纳篮可以作为床头区域的收纳补充
（图片：@ Baby-Noella）

⊙ 高度合适的小柜子兼具床头柜和化妆台的功能
（图片：@ alayiyi）

地台床，能装又能睡的“大胃王”

一般的床至少需要留出一侧走道空间，地台床则将这部分空间利用了起来，非常适合小卧室。此外，地台床不需要挑选床架的款式，你可以根据需求选择床垫大小，地台内部还有充足的储物空间。如果想根据自己的卧室量身定制，你需要找专门做地台的公司上门制作；如果想要简单的基本款，你可以直接在网上定制。

定制地台床，在装修前需要量好卧室尺寸
（图片：@本小墨）

地台床下是巨大的收纳空间，可以通过增加地台的高度，扩大收纳容量
（图片：@本小墨）

为高度较高且占地面积较大的地台做了楼梯踏步，方便上下
（图片：@Diable 毕毕）

卧室照明

卧室追求的是温馨、放松的氛围，因此卧室的灯光最好以柔和为主，在满足照明的前提下，尽量选择低亮度、低色温，偏暖的灯光。如果需要在卧室阅读或工作等，可以使用辅助光源来实现更高强度的照明。

床头灯之吊灯

使吊灯美观的原则是：线要细，灯要低。

⊙ 两侧对称使用吊灯，更具平衡感。灰色 + 黄铜的搭配非常时髦
（图片：@ 赫设计）

⊙ 床头两侧分别使用吊灯和台灯，灯光呼应，更具层次感
（图片：@ doiam）

TIPS 小贴士

吊灯选用注意事项

（1）首先要确保人站起来后，吊灯不会碰到头，同时吊灯不要正对着人睡觉的位置。设计师建议把吊灯放在距离地面 1.2~1.5 米的高度。

（2）床头两侧的吊灯、固定在床头板上的灯具宜选择不透明灯罩，有指向性地照亮床头柜与周围，同时可以降低对另一个人休息的影响。

（3）在开工前就确定好布线是最优选择。如果装修已经结束，又想新加一盏床头灯，则可以利用已有的吊灯点位串联出一根线，连接到床头位置垂下来，或者干脆让电路走明线。选择和墙色一致的线，比较不容易出错。如果房间整体上是简洁风，灯具又选得美观，可以尝试选择黑线或其他颜色的线，和墙面形成对比，反而显得清新不做作。

床头灯之壁灯

壁灯可以为你的床头柜腾出很大的空间收纳其他物品。

⊙ 造型独特的壁灯能为空间增色
（图片：@ 雪儿）

⊙ 壁灯不必做成左右对称，只装单边更具趣味性

（图片：@ 苏州大斌设计设计师曹亮）

TIPS 小贴士

1. 壁灯的安装方式有几种？

（1）明线壁灯

直接把壁灯安装在你认为合理的墙面位置，进行普通的上墙处理即可。

（2）暗线壁灯

只适合在装修时安装，提前把线埋入墙体，预留电线线头。

2. 壁灯放在哪儿？

安装位置可以在床头中间区域，也可以在床的两侧区域。中间区域更适合阅读，多数可以调节角度，但要注意壁灯与床头板的距离，避免碰头。在两侧安装是为了代替台灯，减少床头柜占用的空间。壁灯既有模拟台灯的泛光照明设备，也有指向性强的射灯。根据类型不同，其高度距离地面 1~1.5 米，居于床头柜中心上方比较美观。

台灯

选对了台灯，会让卧室更有格调。

⊙ 简单的白色台灯与黄色小凳、薄荷绿墙面相得益彰

（图片：@ 塔塔）

⊙ 台灯的造型与颜色和谐地融入周边环境
（图片：@ 苏州晓安设计）

卧室顶灯

卧室顶灯可以以极强的装饰性烘托入眠的氛围，打造丰富的视觉效果。顶灯也应遵循卧室照明原则，亮度不必太高。

⊙ 造型别致的顶灯为卧室增色许多

（图片：@ 忽尔一叶）

造型独特的顶灯在营造氛围上满分，想要更充足的阅读光线可用床边台灯来实现

（图片：@睡猫 becky）

白色的吊灯、白色的床品、白色的窗帘，组成了静谧舒适的卧室

（图片：@FunStudio 小郑同学）

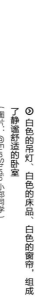

卧室收纳

顶天立地大衣柜

用颜色统一的大柜子把杂物都藏起来，让储物柜化身为一面光洁的墙壁，公共空间显得更加开阔，全封闭的柜体也极大地避免了落灰的问题。

⊙ 通顶大白门搭配隐藏式折叠滑轨，视觉上更加简洁
（图片：@ Linc_ 木卡工作室）

⊙ 衣柜设置充分利用了整个墙面，无把手设计更具整体性，白色的狭小空间也不会让人感到压抑
（图片：@ 小天竺 6 号）

⊙ 若衣柜与床之间距离较近，可以选择推拉式柜门，更加节省空间
（图片：@ dylan 王小野）

TIPS 小贴士

1. 选用整体门板时要怎么做?

（1）直接选用进口的门板和柜体：整体花费较高，如果定做一个 2.6 米 ×2 米的柜子，至少要花费 3 万元。并且，进口板材不是国内定制厂家的主流选材，你在定制时需要特别强调需求。

（2）利用吊顶和柜子底部的高度，使用国内板材：如果在家中做吊顶，可以减少衣柜 20 厘米的层高，另外柜子底部可加高至离地面 10 厘米左右（可以用隐藏灯带照明）。减去这两个部分的高度，国产的 2.4 米板材就完全能胜任顶天立地的效果。若定做一个 2.4 米 ×2 米的柜子，你的预算在 2 万元以内。

（3）现场制作：可以买密度板作为基材，让木工师傅现场制作，但一定要有懂行的人在现场督导。如果只定做一组柜子，很可能不太划算，你可以选择同时定制几个房间的多组柜子。制作 2.6 米 ×10 米的柜子，价格在 5 万元左右（各地人工费会有所不同）。

2. 房子自身条件对柜子有直接的影响吗?

如果房子的墙面、屋顶、地面不平整，柜子会塞不进去，或者即使安置好柜体也会因受力不均，而无法调节出整齐的门缝，那么你可以在柜子和墙、顶、地之间预留一点距离，用封板处理。如果屋顶不平，你可以现场选择裁切柜子，但这会对柜子的外观有影响，要和装修师傅全面沟通。

衣帽间

衣帽间承载了许多人的居住梦想。理想的衣帽间不仅能将衣物进行集中收纳，还可以承担更衣、熨烫、化妆等功能。

⊙ 衣帽间中光线最好的位置留给梳妆台
（图片：@ 东荷逸品）

⊙ 衣帽间上下方均隐藏了灯带，打光更均匀
（图片：@ 皂太太小窝）

⊙ 将主卧卫生间改成了衣帽间，内部敞开式收纳便于拿取，柜门一关，卧室清清爽爽
（图片：@ 忽尔一叶）

⊙ 柜底加了灯带，既增强了照明，又烘托了氛围
（图片：@ 双宝设计）

货架式储物

用开放的货架式储物系统收纳衣物，可以自由设计架子与拉篮抽屉等，若日后收纳的物品发生变化，也方便做调整。货架式储物收纳的造价相对较低，若担心落灰的问题，可以选择使用布帘、柜门等，将货架遮蔽起来即可。

⊙ 衣服挂起来收纳，取用的效率更高，而且货架式结构可以根据收纳的内容进行灵活调整
（图片：@ Becka-Yu）

⊙ 折叠门可以大幅度打开，方便拿取衣物
（图片：@ annvol）

⊙ 怕落灰的话，可以加个帘子，平时拉上挡尘，同时保持视觉上的清爽
（图片：@ Gabe-ZR）

衣帽架

在卧室内放置一个好看的衣帽架，收纳穿过但暂时不用洗的衣物，避免椅子上长出“衣服山”。

简单轻巧的立式衣帽架好用又不会占用太多空间
（图片：@ 喜屋设计）

用小推车、收纳篮和小型衣架组成一个好用的衣帽收纳系统
（图片：@兔哼哼）

自己动手做的吊杆衣帽杆，十分节省空间，完全不占用地面
（图片：@大力小喜）

儿童房：让家具和孩子一起长大

孩子不是缩小版的大人，他们有自己独特的居住需求，所以儿童房不是简单的“迷你家具”加上“可爱装饰”的组合。大人要从孩子（和照顾孩子的人）的需求出发，尽可能兼顾孩子当下与未来的成长空间。

成长型家具

尊重孩子的天性，拥抱孩子成长的每一个阶段。在为孩子购置儿童家具时，可以考虑一些能随着其年龄增长而不断调节的家具，这样既能让孩子当下用着合适，又不会造成浪费。

⊙ 最长可延伸至 2 米的儿童床，可以随着孩子身高的增加逐渐调节长度
（图片：@ 匪头小白）

可调节高度的儿童游戏桌，孩子能从小用到大

（图片：@ Gavenc）

在儿童衣柜中安装活动搁板，根据孩子不同年龄阶段的衣服长度调整层高

（图片：@ 瑶啊瑶啊瑶啊瑶）

游戏区

家里有了小朋友之后，你就会发现，到处都是他们的游戏场。在家中布置小朋友玩得开心、家长也放心的游戏区，是一件很重要的事情。游戏区可以放在儿童房，但也不一定要局限于此，客厅、书房、阳台……这些区域都可以打造出安全舒适的活动场地。

铺块地垫

⊙ 房间铺上地垫安全又舒适，可以避免孩子受凉生病或者摔倒受伤
（图片：@ 秋天泡泡）

⊙ 选购地垫时需注意有无异味，还要记得定期清洁消毒

（图片：@JORYA 玖雅）

⊙ 可以选择与家具同色系的地垫，不破坏原有装修风格

（图片：@ 缤视智造 - 黄文彬）

搭个帐篷

⊙ 刷一面黑板墙让孩子自由创作，孩子玩累了就可以钻进帐篷里休息一会儿
（图片：@ Gavenc）

在帐篷里面铺块软毯，提升玩耍环境的舒适度

（图片：@ Riena 2013）

小帐篷就是孩子的“娃娃屋”

（图片：@ 佳妮 jenny）

阅读角

阅读的重要性不言而喻，阅读习惯也要从小开始培养。不一定非要有专门的书房，只要有合适的光线、安全舒适的坐具、一定的图书收纳空间，我们就可以为小朋友布置出一个很好的阅读角。年龄偏低的小朋友喜欢看绘本，所以最好把绘本的封面直接展示出来，更能吸引他们的注意力。同时色彩缤纷又充满童趣的封面，也是房间里有趣的装饰。如果是家庭共用的书架，建议把儿童书籍放在最底层，方便孩子自己取放。

⊙ 适宜的光线对于阅读来说很重要

（图片：@ Mylylka）

舒适的小沙发让阅读更愉悦
（图片：@凯蒂猫猫 0507）

绘本架可以展示出书的封面，更能激发小朋友的阅读兴趣
（图片：@程朝旭）

儿童房收纳

孩子的物品又多又杂乱，儿童房的收纳可以说是很多家长的痛点。要解决这个问题，在装修阶段就要充分思考，针对不同类型的物品，选择合适的收纳方式。最重要的一点是，尽早让孩子参与整理物品的工作，不仅能解放大人的劳动力，也能培养孩子的动手能力和独立意识。

玩具收纳

收纳规划得好，再乱的“案发现场”也能迅速复原。通过图形标签等辅助工具做提示，让孩子自己收纳玩具，帮助孩子养成用后归位的好习惯。

⊙ 在收纳盒上贴上不同类别的示意图片，可以帮助孩子学习分类

（图片：@ _404）

收纳玩具的柜子兼做台阶使用

（图片：@ 因一）

收纳架做成孩子也能够到的高度，帮助他们培养自己整理东西的习惯

（图片：@ cookieker_ 木卡工作室）

衣物收纳

同玩具一样，也可以规划一些适合儿童衣物尺寸的收纳工具，安装在他们够得到的地方，教给他们一些可以独立操作的收纳方法。

⊙ 把衣物卷起来收纳，省地儿又一目了然

（图片：@ Riena 2013）

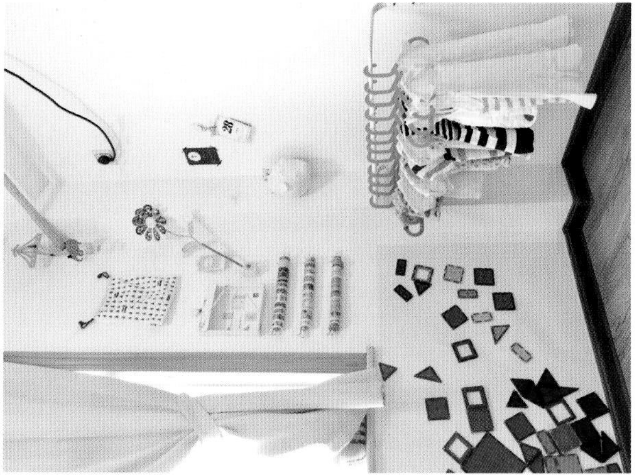

⊙ 把挂衣架安装在符合儿童身高的地方，
让孩子自己动手
（图片：@ ICH_Cissy）

⊙ 迷你版活动衣架可以用来收纳穿过的外衣
（图片：@ACE 谢辉室内设计）

尿布台

小宝宝每天要频繁地换尿布、换衣服等，在普通高度的床上操作，父母很容易腰酸背痛。如果有条件，建议使用专门的尿布台，其高度符合大人的操作要求。专门的尿布台可以收纳零碎小物，大大提高照看孩子的效率。如果房间里有高度合适的柜子，也可以在柜子台面上放一个操作台面，柜子即刻变身尿布台。

⊙ 既是尿布台，也是抚触台，还是方便放宝宝零碎小物品的收纳台

（图片：@ Vivian_YI）

不要小看尿布台下方空间的收纳能力

（图片：@ 福尔蘑菇）

尿布台和婴儿床统一用白色，清爽干净

（图片：@ 秋天泡泡）

卫生间：在这里发挥创意吧

卫生间往往是家中最小的空间，却也是年轻人发挥创意的绝佳舞台。如果家里整体风格素净，可以在卫生间铺满撞色的瓷砖，装饰画、鲜花也都能放在这里。哪怕面积再小，也挡不住选择干湿分离的决心。浴缸再也不是老一辈用来装饰的摆设，用高脚浴缸、日式小浴缸，给奔波了一天的身体带来极致的放松。

卫生间装修的基本法：干湿分离

干湿分离是指将卫生间里的干燥空间（包含马桶、台盆等）与潮湿空间（包含淋浴、浴缸等）分开。干湿分离的布局，能让更多家庭成员在同一时间使用卫生间的不同功能，提高生活效率。

⊙ 把淋浴房与台面相邻的部分砌成半墙，不仅整体感更强，也方便日后清洁打扫

（图片：@ 匪头小白）

淋浴房独立

淋浴房独立是常见的卫生间干湿分离做法，可以最大化地将水和水蒸气隔离在淋浴区内，有利于保持卫生间的整洁。注意，一定要购买质量可靠的品牌玻璃，做好钢化处理，消除安全隐患。如果家里有老人、小孩，淋浴房一定要做成外开门，以免他们发生意外时无法自救或者家人无法及时施救。

⊙ 淋浴房的五金件尤为重要，细节处不能忽略
（图片：@ sweetrice）

⊙ 如果在淋浴房里用木地板，建议选用经过防腐、防高温处理的桑拿板，并且要定期清洁，保持干燥，以减少细菌滋生
（图片：@ 成都优米生活设计）

TIPS 小贴士

1. 淋浴房宽度

要保证使用时身体可以自由转动，淋浴房面积一般不应小于 90 厘米 ×90 厘米。

如果空间允许，最好达到 100 厘米 ×100 厘米。

不建议设置小于 80 厘米 ×80 厘米的淋浴房，不仅身体会撞到玻璃门，而且不容易透气。

2. 淋浴房高度

大多为 2 米，也可以根据家人身高及空间的实际情况进行调整。

3. 淋浴房地漏问题

如果卫生间的地漏不在淋浴房，就必须做好地面坡度，引导水流向地漏。如果淋浴房内外各有一个地漏，可以安装防水条，加速淋浴房排水。

玻璃隔断

和淋浴房相比，玻璃隔断更加简洁，受空间的限制更少，视觉上也十分清爽。

◎一直到房顶的玻璃隔断，显得更通透

（图片：@阿莫玲 myl）

用黑色金属框作为隔断收边，醒目地勾勒出空间的线条（图片：@ Gabe-ZR）

淋浴区与浴缸安排在一起时，可以把玻璃隔断安装在浴缸边沿上方，做好固定措施即可（图片：@ 小春 yoyo）

浴帘

挂浴帘是最经济实惠的干湿分离手段。已经装修完或是难改户型的家庭，不妨试试用浴帘（含固定挂杆或方便拆卸的撑竿）做简单的干湿分离。浴帘可以在不使用时收起来，空间更开阔。

使用浴帘时，一定要注意清洁、通风，否则浴帘容易发霉、滋生细菌。如果条件允许，可以在花洒一侧与墙壁交汇处，安装一块 20~60 厘米宽的玻璃，有效防止水从浴帘的缝隙溅出来。

⊙ 多边形挂杆让淋浴区更加宽敞。可以选择适合卫生间整体风格的浴帘花色和图案，如果想有清爽通透感，也可以选择透明或者磨砂质地的浴帘

（图片：@ 花晨晨）

⊙ 格局方正的卫生间，可以利用 L 形挂杆在角落隔出一个简易的淋浴房

（图片：@ 鸿鹄设计上海站）

⊙ 浴帘与绿植互相呼应，卫生间有了鲜明生动的主题
（图片：@ 闪大哥）

⊙ 一字形挂杆打不打孔都能挂，多适用于长条形卫生间。空间最内侧为淋浴区，洗漱区和马桶被隔开，使用体验更好

（图片：@ Stefny）

洗漱区外移

利用走廊空间，或在其他位置开辟出一小块地方安放洗漱台，便可一劳永逸地解决干湿分离问题。在这种情况下，洗漱区需要在装修前规划好，计算好尺寸并解决上下水问题，否则后期想要调整比较困难。

⊙ 复古搪瓷洗手盆、低垂小吊灯和长虹玻璃共同构成了颇具古典风情的卫生间
（图片：@ iris0423）

⊙ 在浴室旁边的洗漱区砌半堵矮墙，既可以作为隔断，又能起到挡水的作用
（图片：@ 孙大宝 s）

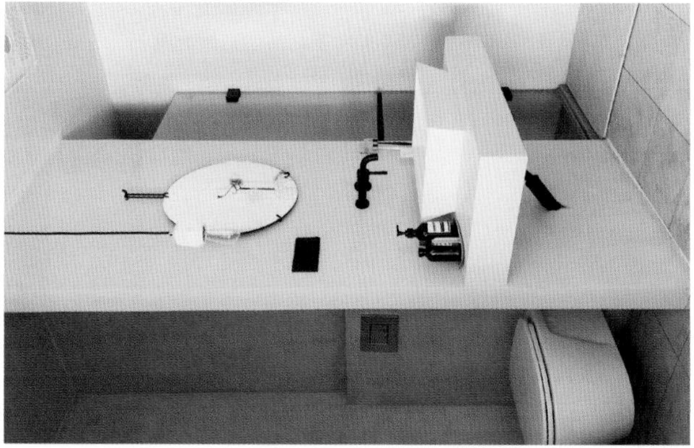

⊙ 彻底的干湿分离使洗漱、如厕、淋浴三个功能区相对独立，功能分区很明确

（图片：@ Hei_Jieer）

⊙ 三分离的卫生间，如果担心洗手不方便，可以在如厕区加装一个小洗手池

（图片：@ tumeijiang）

选择合适的卫生间台盆

卫生间台盆分为台上盆、台下盆、墙挂式、半嵌入式等不同类型，可以根据空间布局和个人喜好选择。下文选出几种典型的做法以供参考。

一体盆

一体盆的盆体和台面为一次加工成型，下方的浴室柜通常也一起搭配售卖。安装一体盆比较便捷，没有藏污纳垢的缝隙，后期打理很方便。不过，由于工艺的限制，一体盆造型相对简单笨重。如果想要独特的台盆造型，成本也会相应增加。

⊙白色盆+木色柜是最常规却最经典的搭配（图片：@异构设计-专注二手房改造）

⊙白色一体盆搭配白色浴室柜，更加干净清爽

（图片：@喵吉三三）

⊙水龙头内置入墙，突出的台面可用于收纳

（图片：@ GIGI00）

台上盆

台上盆造型丰富，安装简单，且日后更换方便，得到很多人的青睐。其缺点也很明显：台上盆的外沿下方容易被忽视，清洁不及时容易形成卫生死角。若使用台上盆，建议选择防霉中性硅胶或环氧类密封胶收边，防止盆底与台面的衔接处发霉变黑。

造型新颖的台上盆是凸显洗漱区颜值的绝对主角

（图片：@ Nullllllllll）

⊙ 在深色浴室柜的映衬下，白色台上盆刚好能点亮空间
（图片：@ 干物女赵大喜）

TIPS 小贴士

台上盆安装注意事项

（1）一般不建议在宽度小于 70 厘米的台面上安装台上盆，因为 70 厘米以内可选择的产品种类少，而且安装后会显得空间局促，视觉效果差。

（2）台上盆的种类也有细分，最为关键的是要匹配好水龙头。水龙头的高度、安装位置需提前规划，如果拿捏不准，不妨直接选用品牌搭配或厂家展示出售的推荐款。

双台盆

若在卫生间安装双台盆，则需要在台盆处改造出双下水，并解决防臭问题。两个台盆之间要留出足够的距离，同时最好配备双镜灯，保证两边的使用效果。

⊙ 双台下盆，无卫生死角，清理起来更轻松
（图片：@ 雪儿）

⊙双台上盆，好看且易更换
（图片：@博睿装饰）

TIPS 小贴士

双台盆安装注意事项

（1）长度小于1米的台面用双台盆会非常拥挤。此时，使用一体式双台盆更加简洁，平整的台面可以临时放置洗漱用品。无论选用哪种台盆，都要以上沿为准进行规划，常规区间是80~85厘米，可以根据身高和习惯自由把握。

（2）选择双台下盆的屋主需要定做托架。台下盆的台面下支架交错，拆装复杂，若台面长度较短，安装时很难保证安装质量。

（3）国内的台盆一般比较大，如果想在小卫生间里塞进双台盆，可以考虑“海淘”，国外有不少小台盆款式可供选择。

提升卫生间使用体验的“神器”

壁挂马桶

使用壁挂马桶的卫生间一眼望去就很不同：与传统造型的马桶相比，壁挂马桶明显在视觉上更轻盈，也使空间显得通透。壁挂马桶与地面不发生关联，方便清洁，并且可以适当进行移位，让整个卫生间的布局更加灵活。壁挂马桶特别适用于非同层排水、很难改变马桶位置的情况。

壁挂马桶由水箱支架、冲水面板和马桶三部分组成，如果需要智能马桶盖，需要提前做好统筹规划，预留插电口。不过，部分壁挂马桶因尺寸、造型特殊，与智能马桶盖不匹配。水箱支架有高矮之分，如果装在窗下要提前确认高度。如果想移位安装，要提前与设计师等专业人士确认可行性。

壁挂马桶上方相对干燥，可以安装壁柜收纳大量杂物，视觉效果也更统一

（图片：@质上设计）

⊙在装入水箱的假墙上方做出壁龛，既可以放置物品，也充分利用了垂直空间

（图片：@文骏）

⊙放水箱的假墙做到顶，背后隐藏了氛围灯带

（图片：@Between 之间设计）

入墙式水龙头

入墙式水龙头将水管暗藏在墙体内，不必在台面开孔，有效节省了台面空间，且便于打扫。很多人担心暗装的入墙式水龙头容易坏，其实在实际使用过程中，质量合格的入墙式水龙头与普通水龙头的寿命没有任何差别，更换时也只需要替换阀芯即可。

⊙ 入墙式水龙头为超窄台面释放了更多的空间
（图片：@ 羽鸟亚门）

⊙ 入墙式水龙头和镜子、毛巾挂环以及吊灯形成统一的色彩搭配，简洁利落，提升空间质感
（图片：@ syuku）

马桶喷枪

在卫生间安装一个喷枪，利用增压水柱和灵活的软管，可以方便地冲洗卫生间各处的污渍，事半功倍。在装修时需要考虑好喷枪的位置，一般选择将它安装在马桶旁边，隐蔽且方便取用。

⊙ 将喷枪安装在壁挂马桶水箱旁时，注意提前留好出水口

（图片：@ Carmen- 萧嘉敏）

⊙ 马桶喷枪安装在浴缸与马桶之间，方便清洁地面、马桶与浴缸

（图片：@ 雨舒）

长型地漏

长型地漏面积大，排水速度快，不容易堵塞，便于保持地面的干燥。另外，隐形长型地漏在安装完毕之后与地面瓷砖保持相同的视觉效果，更加美观。

不管选择哪种形式的地漏，在卫生间地面的施工过程中，都要注意留出足够的地面坡度，做出合适的高低差，才能使地面存水更加迅速地排出。

将长型地漏安装在淋浴间花洒下方，洗澡时可以迅速将地面存水排出

（图片：@颜猜猜）

合适的地面坡度加上排水迅速的长型地漏，可以免去在淋浴区域做挡水条

（图片：@ 大腿哥哥）

使用隐形长型地漏，完整保留了地面花砖的整体美感

（图片：@ 米洛克）

浴室再小，也要泡澡

很多人虽然喜欢浴缸，却苦于浴室太小，只能选择安装淋浴设备。其实，泡澡并非只有“笔直地躺着”这一种姿势，换个思路，也许就能把浴缸塞进小卫生间。

现在市面上有 1.1~1.4 米长的小型浴缸，马桶、洗手池也可以选择小尺寸的。施工时，要尽量缩小洁具之间的距离，紧凑排列，为小浴缸挤出空间。若喜欢沉浸式的沐浴体验，可以选择坐泡式浴缸，它能够让水覆盖身体，舒适性更高且不易位移。需要注意的是，小型浴缸多数会比常规浴缸（高度为 40~50 厘米）高一些，如果老人使用，要考虑进出的落差问题，可以在旁边安装墙壁扶手提高安全性。

合理利用空间，嵌入小浴缸，浴缸搁架可以做为补充收纳的工具
（图片：@ 孙大宝 s）

⊙ 只要氛围烘托得好，小浴缸的体验不输大浴缸

（图片：@ 行走中的 monica）

⊙ 不大的空间五脏俱全：马桶、洗手池和浴缸都是迷你型，排列也非常紧凑

（图片：@ 居器 - 徐睿）

卫生间照明

除了使用传统的吸顶灯，卫生间照明还有很多花样，在造型和位置上都有很大的发挥空间，如射灯、壁灯、吊灯、灯带等，在丰富卫生间空间、解决局部照明问题的同时还能起到装饰的作用。需要注意的是，卫生间一般湿度较大，应挑选防水、防爆、不易生锈的灯。

镜前灯

⊙ 很多家庭会选择这种简单好搭的镜前灯
（图片：@ 胡狸胭脂联创设计）

⊙ 光线柔和的暖色镜前灯为洗漱空间增添一分温馨感与暖意
（图片：@ 昱乎设计）

吊灯

⊙ 吊灯也可以挂在卫生间中央，充当主光源
（图片：@ 孙大宝 s）

⊙ 在镜前挂一盏吊灯，补充洗漱区照明光线
（图片：@ 小溪）

壁灯

⊙ 可以选择和镜柜、浴室柜同材质或者同色系的壁灯

（图片：@ 张泽楷）

⊙ 可以选择和水龙头同材质或者同色系的壁灯

（图片：@ windyxin）

射灯

⊙ 一排射灯为沐浴营造了美好的光影氛围
（图片：@ 烦人猪）

⊙ 在狭小的空间内可以用单个射灯代替镜前灯实现照明
（图片：@ Sanboo）

灯带

⊙ 在镜子下方安装嵌入式灯带，既能补充照明，又不至于太刺眼

（图片：@ 小棉花一朵）

⊙ 灯带与镜子浑然一体，光线均匀照射，有效减少面部阴影

（图片：@ 西東空间设计）

卫生间收纳

镜柜

镜柜巧妙地将镜子和收纳空间整合在一起，能够把瓶瓶罐罐全都收纳进去，是小卫生间的高效收纳利器。

⊙ 在镜柜下方布置灯带，可以实现局部采光
（图片：@ 大海小燕）

⊙ 镜柜旁边设有敞开的收纳空间，便于放置日常洗漱用品
（图片：@ evollive）

壁龛

卫生间中经常会出现一些因为管道而形成的犄角空间，不妨把这些空间做成壁龛，进行收纳。

⊙ 淋浴区的壁龛，既省去了额外安装置物架的麻烦，又便于清理。视觉上与周围墙面瓷砖形成统一，美观好用

（图片：@ NONOSPACE）

⊙ 马桶上方的干区做壁龛，可以放心地囤货

（图片：@ 五明原创设计）

⊙ 在洗手池一侧的墙面上做出壁龛，取放物品非常顺手
（图片：@ 吕工 DESIGN）

搁板

位置灵活多变的搁板可以补充卫生间的收纳空间。

⊙ 马桶上方的空间非常适合用来收纳，一块简单的搁板既可以用来放置小物，也可以用来装饰，让卫生间多一点生机

（图片：@LuciaWei）

在台面收纳能力有限的情况下，可以将搁板装在浴室镜下方，进行补充收纳
（图片：@白菜适家）

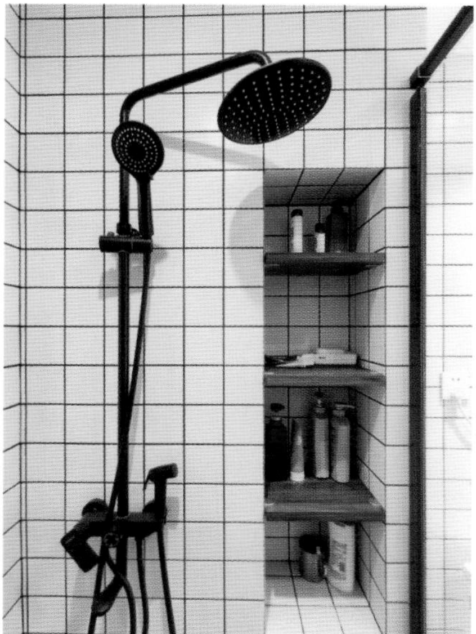

壁龛与搁板结合使用，不同的材质在对比中产生美感
（图片：@kimalvin）

局部：花样多多的装修设计法

家庭工作区

如果家里有两个人需要办公，可以设置一个双人工作台；如果只有一个人有办公需求，那么家中大多数地方都可以成为工作台。

单人工作区

只要在客厅、卧室或走廊开辟出一个角落，将书桌、座椅和相关物品全部装下，就能组成一个迷你书房。如果把办公区设在阳台或窗边，可以给窗户更换优质密封胶条，更好地隔音、隔热、防霾。北方家庭可以在阳台也装上暖气。

⊙ 利用边边角角的空间，量身定制书桌

（图片：@ 龙猫爷爷）

⊙ 既是单人书桌也是床头柜，一举两得

（图片：@辰佑设计）

⊙ 在衣帽间靠窗位置设置迷你工作区，利用百叶窗帘调节光线

（图片：@迪尚设计）

双人工作区

双人工作区需要有足够的空间和明确的分区，能够同时满足两个人的办公需求。如果两个人都长时间在家工作，可以考虑定制一个大桌子；如果是小户型，桌子可以靠墙放，更节省空间。

⊙ 如果书桌的使用频率不高，不妨偶尔拿餐桌当工作台，但最好有一处能收纳书本、文件的地方，既方便又不显杂乱

（图片：@ 烧麦君）

⊙ 如果有很多工作需要在家处理，不妨考虑对工作区进行整体规划，比如添加墙面搁板、设计周边收纳空间和布置桌面

（图片：@ 造颖设计）

⊙ 双人书桌旁可以设置一组窗下矮柜，同等的高度让桌面实现了 L 形延伸

（图片：@ 刘畅同学）

工作区收纳

工作区的零碎物品繁多，而且要求好拿好放。对于轻量级的小物品，建议活用墙面空间，用铁丝网、磁性板、软木板做收纳。对于较重的物品，可以考虑在不碍脚的前提下，利用桌下空间收纳。如果想单独购买收纳柜或其他收纳工具，需要根据书桌的尺寸选购。

⊙ 桌下用抽屉柜做空间分隔，两人可以根据各自的喜好来安排桌面陈设

（图片：@ Tk 原创设计）

⊙ 复古的秘书桌不仅美貌，多抽屉的设计也非常适合分类收纳

（图片：@ 著名白羊座）

⊙ 桌下放一个收纳筐，用来收纳零碎物品
（图片：@ 5nnnn）

⊙ 洞洞板上墙，收纳与展示一举两得
（图片：@ 菜刀璐）

地台、榻榻米

不少人在装修时会考虑做地台和榻榻米，这成为近几年的新潮流。地台、榻榻米不仅能提升空间的层次感，还能承载很多功能。

⊙ 设置地台的开放式客厅。如果觉得地台较高，可以增设台阶
（图片：@ 本小墨）

地台

地台既能成为喝茶、聊天的休闲区，又可以安顿临时住宿的朋友，放上书桌和矮柜就变成工作区，还可以增加储物空间……地台属于硬装阶段的定制家具，你在装修开始前就要考虑好位置和选材，并且根据自己的需求定制地台高度和附加功能。

⊙ 地台作为休闲区使用，摆上了实用的小茶桌

（图片：@ 缤视智造 - 黄文彬）

⊙ 整个卧室的睡眠区与收纳区统一定制，整体感强
（图片：@ 罗秀达）

TIPS 小贴士

设置地台注意事项

（1）地台底架要进行防虫、防潮处理，最好预留几个透气孔，使底部空气流通。
（2）关于地台选材，建议选择防晒和耐水性能好的复合地板或实木齿接板。
（3）普通地台高度一般为 15~20 厘米。如果需要升降桌，地台高度要由升降桌的尺寸决定；如果要增加储物功能，地台高度最好为 35~40 厘米；如果家里有老人和小孩，为保障安全，需慎重选择地台。

榻榻米

榻榻米传统上称为“叠席”，起源于中国汉朝，盛唐时期传到日韩等地，被沿用至今。严格意义上的榻榻米需使用垫子（叠表）来包覆板状的素材（叠床）。叠表由灯芯草编织而成，以稻梗或稻谷作为填充材料。目前国内对“榻榻米”的定义相对宽泛，我们可以借鉴和式榻榻米的一些做法，将其优点运用于生活中，无须被传统风格和概念约束。

⊙阳台、窗边的区域可以改造成榻榻米，搭配垂直收纳空间

（图片：@俺才是点点）

⊙ 把小房间改成榻榻米，搭配升降桌，利用率更高
（图片：@ 梵之室内设计工作室）

⊙ 如果不做升降桌，也可以直接加一张矮桌
（图片：@ hey- 何何）

TIPS 小贴士

设置榻榻米注意事项

（1）榻榻米的材质一般是稻草和蔺草。草垫有很多好处，隔热的特性使得它冬天保温，夏天不热，还可以吸湿放湿，调节室内空气湿度。此外，草垫柔软有弹性，适合光脚踩踏，小孩子在上面爬行或玩耍也更安全。干净的榻榻米草垫散发出一种自然香味，可以舒缓紧张疲惫的身心。

（2）榻榻米既是坐具又是卧具，所以一定要勤打扫。每天用吸尘器吸尘，隔几天用湿布擦一遍，或者用干燥鬃刷顺着蔺草的纹理方向刷，不能直接在上面泼水，而且最好每隔半年掀起来放在阳光下暴晒一小时左右。

（3）参考价格：榻榻米草垫为 200~400 元 / 米 ^{2}（差别在于厚度、材质和做工），地台为 500~700 元 / 米 ^{2}（差别在于框架和侧板、面板）；若要增加储物或其他功能，比如安装抽屉、拉门、升降桌，还需要酌情增加预算。

阳台

有些人的阳台是一个植物园，人跟花花草草一起进行“光合作用”；有些人的阳台上摆有沙发，家里最舒服的阅读区就在这儿；还有些人的阳台，放上了露天浴缸……改变阳台，就先要改变对它的固有认知。阳台不只是晒衣服、放杂物的地方，它还是一个家的性格的展示窗。

⊙ 不辜负好窗景的阳台休闲区
（图片：@ 贝贝江）

节省空间的阳台工作区
（图片：@ mralright）

度假氛围异常浓厚的东南亚风格阳台植物园
（图片：@ 双宝设计）

⊙在阳台上泡澡，浪漫又梦幻
（图片：@羊小羊哦）

⊙烘干机拯救了挂满晾晒衣服的阳台，家务休闲两不误
（图片：@铁砚设计桑辉）

洗衣区

洗衣区对空间的要求较小，在布局时可以根据使用习惯灵活安排，把角落空间利用起来。只要安排合理，在 1 平方米的空间里也能拥有超好用的洗衣区。

洗衣区位置

洗衣机不一定要放在卫生间，厨房、阳台和边角空间都能成为你的选择。

⊙ 厨房：把洗衣机藏在橱柜下方，远离房间，不干扰休息

（图片：@ 朱不二）

洗漱区：只要有充足的阳光，洗衣台面也能变成植物的新家

（图片：@抹小拉）

阳台：手洗衣物和机洗衣物都能在这里搞定

（图片：@布瓜的窝）

⊙ 边角小空间：合理降低洗衣区的存在感
（图片：@ 汪莫言）

TIPS 小贴士

1. 在厨房设置洗衣区

（1）厨房内水电齐全，不必为洗衣机的安装发愁。

（2）洗衣机净高一般为 86 厘米，会高于常规橱柜；大容量或洗烘一体洗衣机厚度为 60 厘米，可能超出橱柜柜体深度。在选购时，这些因素要一并考虑。

2. 在洗漱区设置洗衣区

（1）洗涤用品可以统一存放，换洗衣物也要归置好，才能够实现洗漱、洗衣二合一。

（2）洗衣区同洗浴区要做好干湿分离，避免洗浴时产生的水蒸气造成安全隐患。

3. 在阳台设置洗衣区

（1）一步到位打造洗衣、晾衣、熨衣的一体化工作区，节省空间和时间。

（2）需要做好洗衣机的防晒工作，以及上下水装置的设计。

4. 在边角小空间设置洗衣区

（1）走廊转角或楼梯下方都能成为洗衣区，除了放置洗衣机外，还能利用墙面空间储物。

（2）需要做好上下水的设计，如果担心杂乱，可以装上帘子或者安装轻便的推拉门，把洗衣区隐藏起来。

洗衣区收纳

做好洗衣区的收纳，给脏衣服、洗衣用品、毛巾规划好各自的位置，使用效率将大大提高。洗衣机周围的收纳方法大致分为两种：一种是根据洗衣机尺寸及洗衣区空间大小，直接定制一体化洗衣台面；另一种是通过置物架、小推车、收纳筐、壁柜等，打造一个功能齐全的洗衣区，提高空间利用率。需要注意的是，如果定制洗衣柜，需要考虑整体空间布局，提前测算好尺寸。

洗衣区可以完全藏进壁柜中，高效利用柜体里的零散空间（图片：@_404）

加条搁板摆放零碎物件和装饰品，洗衣区既要美观又要实用

（图片：鹿啊粿 777）

洗衣机上方增设吊柜和开放式储物空间，完美解决洗涤用品的收纳问题

（图片：@王燕菲）

局部收纳利器

搁板

搁板是非常灵活的家具，它既能充分利用垂直空间，实现小空间的收纳，也起到装饰作用，还能当作桌面、操作台使用。把搁板与不同的空间组合在一起，总能碰撞出意想不到的“火花”。需要注意，搁板作为开放式家具容易落灰，需要勤打扫。同时也要考虑安装、承重等问题。

搁板收纳

小空间的搁板收纳，需注意承重问题。如果用在卫生间，还要注意防霉、防潮。

在厨房操作台上方安装搁板，放置调味瓶和常用厨具，方便取用

（图片：@抓住我的胃）

⊙ 搁板的承重能力主要取决于其固定方式
（图片：@ 雪将停）

TIPS 小贴士

1. 搁板有哪几种安装方式?

（1）托架式：把托架固定在墙上，搁板放在托架上。

（2）吊装式：用钢线拉住搁板。

（3）隐蔽式：搁板和墙之间暗藏连接件，把连接件安装在墙上，搁板和连接件相连。

（4）胶粘式：用胶把搁板粘在墙上，不用打孔，此方式比较少见，搁板的承重能力也有限。

2. 关于搁板的承重问题

（1）托架间距应视具体情况而定，承重要求越高，间距越小。

（2）如果有很多书要放，建议买质量好的实木搁板以及密度大的支架，另外注意缩短支架间的距离。

（3）不同材质的墙面需要不同的紧固方式。不过，即便是石膏板隔墙、轻体墙、空心砖墙也有匹配的锚栓，可满足一般的使用需求。如果担心牢固度，可以搭配使用免钉胶、结构胶，加强固定板面与墙体的结合。合格的产品都会有承重负载标示，注意不要超过最大承重值。若发现搁板变形，应及时变更或停止摆放物品，以免发生断裂。

搁板装饰

相框在搁板上堆叠，比挂在墙上更鲜活，而且方便更新照片。玩偶、旅行纪念品、小盆绿植等摆件也可以在这里展出。

⊙ 黑胶唱片封面当作装饰画摆放在搁板上，形式更灵活，之后想换也很方便

（图片：@ 新之助大宝宝）

⊙长短不同的两块搁板一高一低搭配，丰富墙面层次
（图片：@陈木）

⊙做成体系的搁板组合，本身就是墙面最大的装饰品
（图片：@yitai-hu）

搁板书桌

如果你不需要长时间在家里伏案办公，那就不必专门买一张传统的书桌，可以尝试用加宽搁板代替。

⊙ 用搁板打造窗边书桌与地台，将简洁进行到底
（图片：@ 纸飞机机机）

⊙ 若担心储物空间不够，可以在上方墙面添加搁板作为收纳空间

（图片：@ magicherry）

TIPS 小贴士

1. 高度

依据不同用途，将搁板安置在不同高度。一般书桌的高度是 75 厘米左右，矮吧台是 90 厘米左右，常规吧台是 110 厘米左右，而椅子座面和桌子底部落差在 25~30 厘米比较合适。

2. 进深

一般书桌的进深为 50~60 厘米，但是搁板书桌可以根据个人需求量身定做。30 厘米进深可以放下电脑或一排书，临时使用绰绰有余；40 厘米进深就可以正常使用电脑，桌下放腿的空间也更宽敞。

3. 承重能力

搁板的承重能力主要取决于其固定方式。作为书桌使用，不仅要置物，还要承担一部分身体重量，故建议使用托架式搁板做书桌。隐蔽式的支撑能力稍弱，不建议采用这种搁板做书桌。

嵌入式收纳

房间杂物太多，收纳空间不足，这是很多人都会面临的问题。如何在有限的空间里创造更多的储物空间？嵌入式收纳让柜体融入墙面，既省地方又提升了空间的整洁度，又可以运用在玄关、客厅等各个角落。在做嵌入式收纳的时候要注意避开承重墙，还要考虑隔音问题。

嵌入式搁板：

在内凹的墙体中加搁板或者定制壁柜，简单实用。

⊙ 嵌入式的搁板壁龛，充当了餐边柜的角色
（图片：@ 甜小仔）

⊙ 巧用嵌入式搁板，墙面收纳能力翻倍
（图片：@ Gavenc）

搭配收纳柜：

在嵌入式空间的上方搭搁板或下方做柜子之后，功能划分更清晰。

⊙ 在玄关柜中部留出一部分开放空间，便于临时存放钥匙、钱包等小物件

（图片：@ 孟想家）

⊙ 在玄关的下方做收纳柜，上方安置搁板。搁板的位置可以根据实际需求调整，让空间有大有小，错落有致

（图片：@ 钱恩恩）

小壁龛

小壁龛能收纳零碎物品，适合设置在床头、吧台、卫生间等处。

⊙ 在淋浴区做小壁龛，放置沐浴用品，不仅免去了挑选置物架的麻烦，还能避免磕碰

（图片：@ 小天 _Cancer）

⊙ 用床头壁龛进行小物收纳，在床头柜上只留一盏好看的台灯
（图片：@ 失物招领 LostandFound）

小推车

小推车轻便、实用，说它是“家中的万金油”，一点儿也不为过。

⊙ 小推车可以代替边几

（图片：@ Gabe-ZR）

小推车变身移动餐边柜，兼具植物角与酒水吧的功能

（图片：@Carlos_Partners）

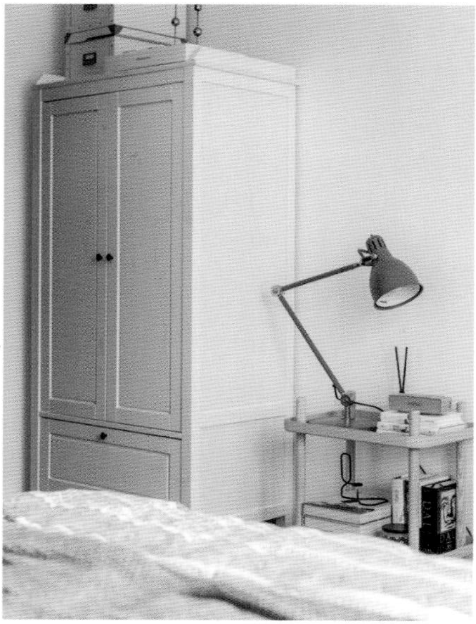

小推车在卧室里可以代替床头柜，也可以是装饰品的迷你展示台

（图片：@嘉泽）

洞洞板

洞洞板法则——把一切弄上墙。随心组合，灵活收纳。

⊙ 洞洞板 + 搁板的组合，具有相当强大的收纳能力

（图片：@ Chingman）

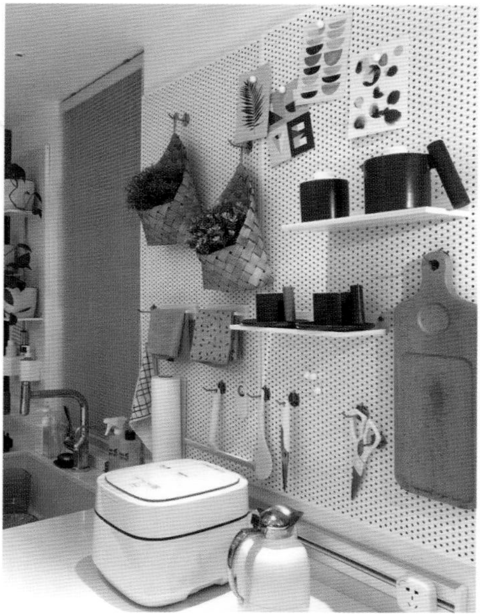

厨房的各种零碎小物在洞洞板上得到了妥帖的安放
（图片：@danny_king）

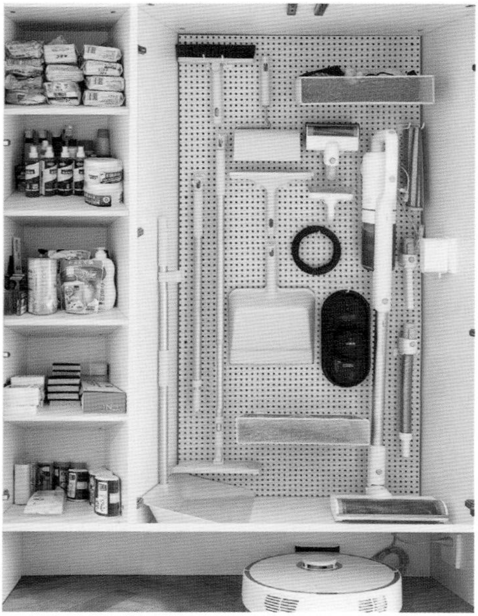

清扫工具统统用洞洞板挂起来，一目了然
（图片：@我才是烟草）

伸缩杆

伸缩杆灵活、轻便、好调整，它能完成各种犄角旮旯的收纳工作。采用伸缩杆的置物架，要考虑承重和稳定的问题，重量大的物件最好采用上墙固定的方式。

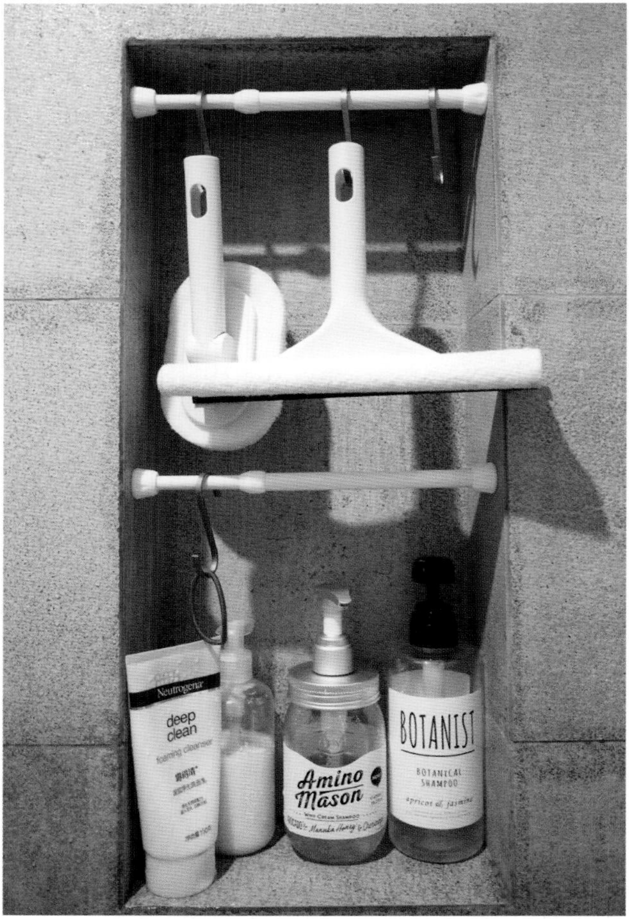

用伸缩杆在狭窄的壁龛内实现纵向收纳（图片：@大茶的整理）

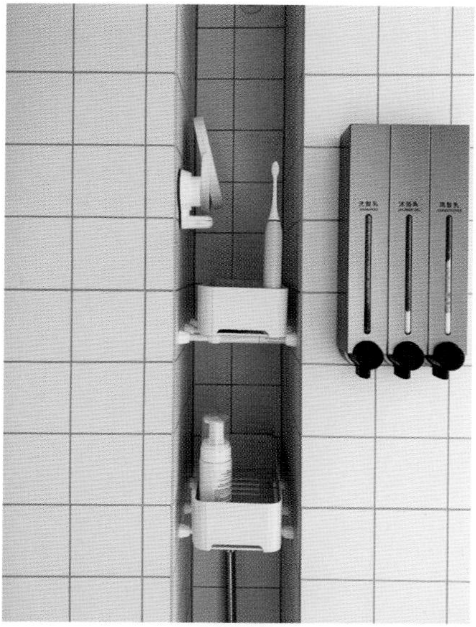

⊙ 看似无法利用的角落靠伸缩杆来拯救
（图片：@ 纸飞机机机）

⊙ 扁平的盘子叠摆之后不好拿取，不妨在抽屉里用伸缩杆打造收纳空间
（图片：@ crescent 2009）

4

诗意居住：从理想的样子到触手可及

给自己留一个“居心地”
把钱和空间留给“核心区”
如果不喜欢，就忘掉那些传统的装修项目吧
为老人装修，处处是学问
给你的宠物一个温馨的家
不常来客人的家，客卧“兼职”就好
想拥有花田的你，在家砌个花池吧
足不出户就能健身
悬浮设计，轻盈的未来感
好的装饰，不一定非得买现成的装饰品
暗调空间：难以抗拒的高级感
家庭核心区，用一张大桌子就能搞定
画廊墙：把家变成美术馆

给自己留一个“居心地”

简单来说，“居心地”就是在家布置一个能够享受独处时光的地方。不管和家人有多亲密，和朋友关系有多好，我们还是需要一个纯粹的、只属于自己的空间。读书、饮茶、玩乐高、发呆放空……只要你喜欢，做什么都行。用最舒适的方式，做你最喜欢的事，“居心地”是紧张生活中的“回血”之地。

⊙ 能让自己静静地做喜欢的事的地方就是“居心地”
（图片：@ 印池设计）

⊙厨房也可以是『居心地』屋主若喜欢厨房，连缝纫工作也可在厨房里进行（图片：@奈奈永远要跟咪头在一起）

⊙家里的这样一方角落，让人享受安宁（图片：@蔡三水）

把钱和空间留给“核心区”

大部分人常常以客厅为核心区，但核心区不必拘泥于客厅。如果家里餐桌的使用频率很高，那你干脆置办一个大餐桌，吃饭、上网、写写画画都可以在这里；如果爱做饭，可以将厨房设置成核心区，做成开放式厨房，甚至可以增设岛台……卧室、茶室、工作区、阳台甚至浴室都有成为家庭核心区的可能。总之，核心区是你与家人最常待的地方，这里有最适合你的生活方式。在规划空间时，你可以把最大的空间、最好的采光留给它。

⊙ 大桌子作为家庭的核心区所在，吃饭、工作与布置的中心都围绕它展开

（图片：@ 只爱陌生人 stranger）

⊙ 开放式厨房配合岛台，形成了集清洁、烹饪与工作于一体的家庭核心区

（图片：@ loyphia）

⊙ 公共区的核心围绕餐桌展开，装饰的重心也放在了这里
（图片：@武汉逅屋一舍）

⊙ 浴缸区域布置成热带植物园，足不出户便能放松身心，这里甚至能成为你家中的核心区
（图片：@九环大妈）

如果不喜欢，就忘掉那些传统的装修项目吧

踢脚线、门套、门槛石一个都不能少？客厅一定要有电视墙？次卧一定要做成客房？不要因为“别人家都做了”而选择某一个装修项目，而要考虑对于自己来说这些项目是否真的有必要。如果你在打扫卫生时不使用扫把，而是用吸尘器和扫地机器人，你可能就没必要装踢脚线；如果你家空间不够，或者打通之后有更好的动线，那么你甚至可以把书房和客厅融合在一起。

用一面小矮墙做隔断，电视墙也可以变得很简洁

（图片：@朱叶欣）

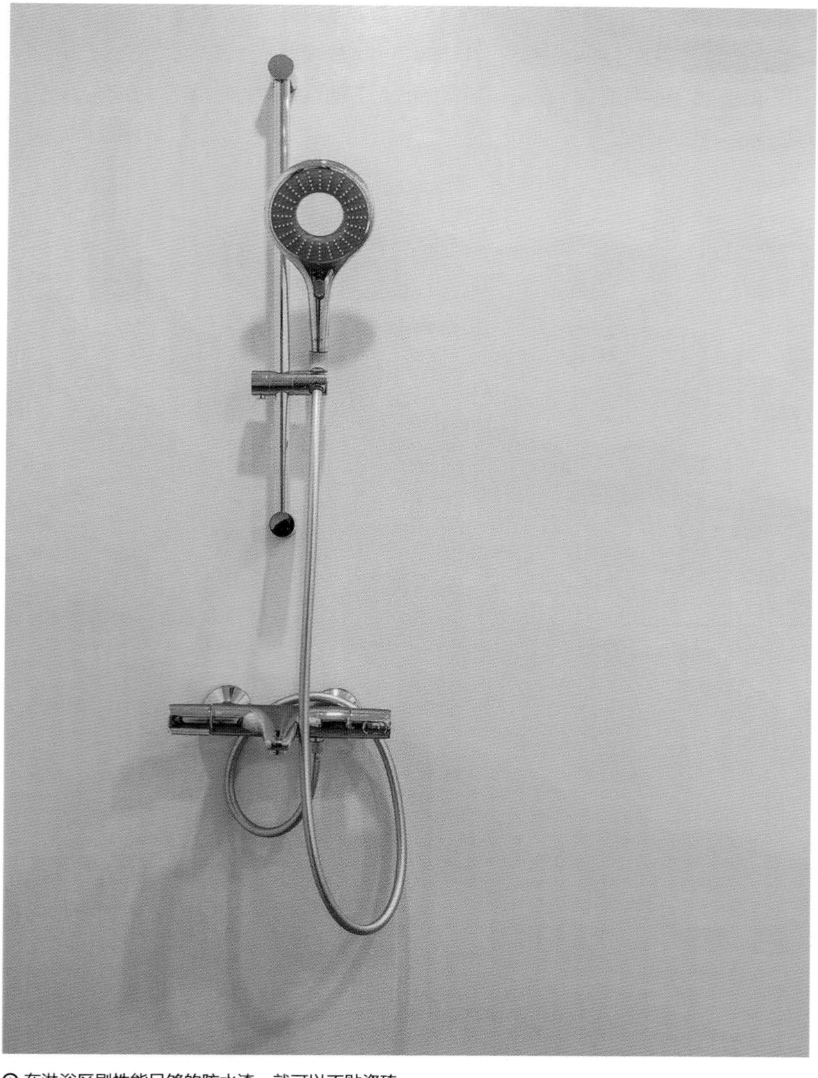

⊙ 在淋浴区刷性能足够的防水漆，就可以不贴瓷砖
（图片：@ TONG0）

为老人装修，处处是学问

设计适合老年人的住所处处是学问，在装修前要多研究，尽可能减少房子中可能出现的安全隐患。在为老人装修时，大到房子空间的规划与生活动线的设计，小到一个扶手、一个开关的布置，每一处细节你都要仔细考量，从而为他们打造一个安全、舒适的晚年生活空间。

在浴室里装上扶手，便于老人在淋浴时扶握。如果老人使用的淋浴间有玻璃门，最好将玻璃门设计为外开门，以防发生紧急情况（如淋浴时摔倒等）时我们无法及时施救

（图片：@之屋）

⊙ 在设计橱柜时，可以将洗手池下方的柜体后缩一部分，方便老人使用轮椅
（图片：@ 殷崇渊）

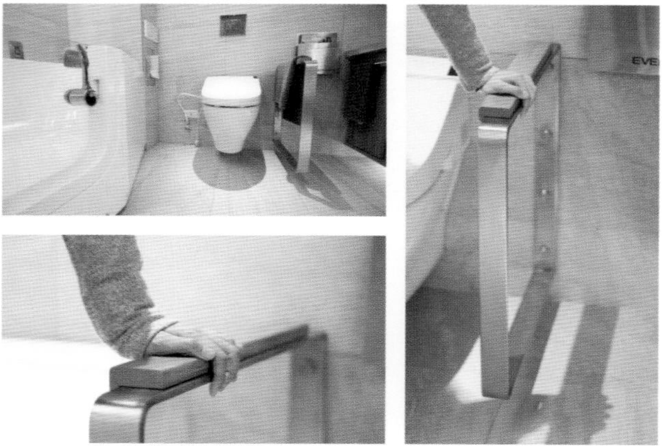

⊙ 在马桶旁边安装扶手方便老人起身，扶手上加装木质材料，隔绝金属的冰冷触感
（图片：@ 殷崇渊）

给你的宠物一个温馨的家

对许多家庭来说，宠物也是重要的家族成员，特别是与人类互动频繁的动物，它们也需要一定的活动空间。为宠物设计一个家，不再是简单放置一个小窝、一个食盆，而是为了让它们生活得更好。屋主可以在装修初期就根据它们的需求做规划。

⊙ 在楼梯下方定制一个小屋，为宠物提供更舒适的休息场所

（图片：@ 汐九）

装了猫门之后，晚上再也不怕猫主子（对猫的爱称）挠门了
（图片：@蓝是冬天赖床）

猫跑道环绕整个客厅区域，猫可以毫无障碍地沿着墙壁行走玩耍
（图片：@凡夫设计金风）

不常来客人的家，客卧“兼职”就好

哪怕一年中只有几天的使用时间，家里也一定要预留一间客房吗？我们不妨让有限的空间变得灵活，充分利用壁床或者沙发床等可变形家具，既能满足客人临时留宿的需求，又可以在平时把客房空间释放出来，打造成满足个人需要的功能性空间。

⊙平时是书房，拉上百叶帘，放下壁床，就变成一间完整的客房
（图片：@熹维设计）

⊙ 三折沙发床折放灵活，收起后能省下很多空间做
其他布置
（图片：@ 潘小阳）

想拥有花田的你，在家砌个花池吧

如果你有一个庭院梦，向往在家中拥有郁郁葱葱的小森林，却苦于没有场地实施，不妨考虑在窗边或阳台砌一个花池。对于绿植养护来说，花池本身相对宽阔的空间更有利于植物的生长。如果是干湿喜好不同的品种，可以将套盆直接放进花池中，方便分开浇灌。需要注意的是，要在硬装阶段做好花池所在区域地面的防水、防渗漏处理。

在飘窗台上提前留好位置，打造迷你小花池

（图片：@毕涛）

⊙ 台沿儿矮一些的花池，不会遮挡落地窗景观
（图片：@ 田午）

⊙ 大型花池的设计需要提前做好地面防水等基础工作，对于怕晒的植物，可通过安装遮阳又透光的百叶窗调节光线
（图片：@ 冯老板）

足不出户就能健身

现在的很多年轻人都在家健身？没错！如果只是简单锻炼，完全可以利用小工具在家完成。一张瑜伽垫，两个小哑铃，加之各种有氧设备，让你再也不能拿“健身房太远”“跑步机排不上号”“健身房的浴室条件不好”当借口。如果能坚持在家锻炼，下一届朋友圈健身大赛的冠军就是你了！

屋主的新玩具——骑行台，虚拟实境 + 超大屏幕，可以在家“环法[①]”啦
（图片：@ juni）

① 环法，即环法自行车赛，知名的年度多阶段公路自行车运动赛事，主要在法国举办，但也经常出入周边国家。——编者注

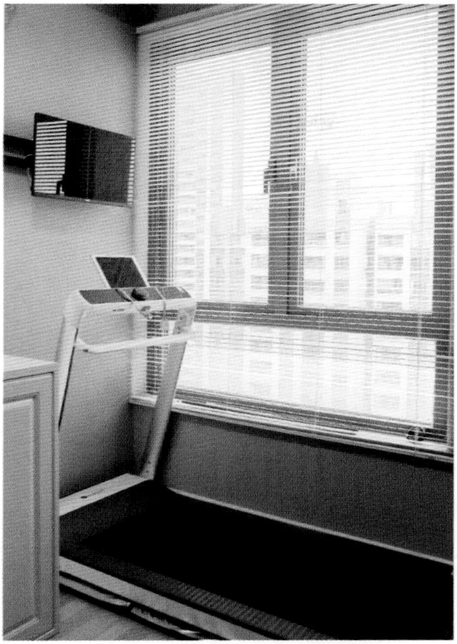

跑步机前装个电视，跑步、看剧两不误

（图片：@YellowKAKI）

用哑铃、瑜伽垫和健身球打造家庭健身区，锻炼完直接去旁边的浴室洗澡

（图片：@雪饼咬一口）

悬浮设计，轻盈的未来感

“离开地球表面”是一句迷人的宣言。那些看起来轻盈、高挑、仿佛不受地心引力限制的东西，似乎总会带来赏心悦目之感。我们在家里也可以尝试这种“悬浮设计”：利用视觉错位，或者直接把家具固定在远离地面的位置。

⊙ 利用床下灯带，形成床在悬浮的错觉
（图片：@ FFStudio）

⊙ 把电视墙做成悬浮效果，减轻了墙体的厚重感，空间更轻盈
（图片：@ 季意设计）

⊙ 利用预埋到墙体内的折弯钢条固定床头柜，形成悬浮效果
（图片：@ –5V–）

好的装饰，不一定非得买现成的装饰品

如今，家里的装饰品不再局限于装饰画，甚至一些具有实用功能的物品也能用来装饰，比如镜子、毯子、胶带等。

⊙ 木质叉车板做沙发架子，竹笸箩上墙做装饰，古朴又别致
（图片：@ Homelab 家研所）

用不损伤墙面的纸胶带做装饰，不仅效果好，还经济实惠

（图片：@凯蒂猫猫 0507）

用旧书页做成床头装饰，让喜欢的文字陪伴自己入梦

（图片：@阿卓）

暗调空间：难以抗拒的高级感

明亮的空间似乎是大部分人对家的基本要求，但如果空间是暗色调的，会怎样呢？暗色调不代表不考虑亮度，反而可能更宜居、更具高级感。如果喜欢这样的色调，你不妨试一试。

⊙ 深灰色的墙壁，搭配灰紫色调的床品与窗帘，颜色和墙面既有对比又不失和谐
（图片：@ 真的萝莉）

⊙ 灰色软包床搭配黑色木饰板墙面，卧室没有多余颜色，更容易安心入睡

（图片：@北岩设计）

⊙ 在保证采光的前提下，深邃的背景反而更容易营造出宁静、温馨的氛围

（图片：@sweetrice）

家庭核心区，用一张大桌子就能搞定

人们越来越重视与家人的情感联系，所以我们在装修设计的时候可以有意识地促进这种联系。比如，在客厅放一张大桌子，大家都围绕着这个桌子活动：孩子在桌子上写写画画，妈妈爸爸在桌子上或工作或读书，或者大家一起做手工玩桌游（桌上游戏）……多么温馨的场景！在小户型中，大桌子也可充当餐桌、书桌、工作桌、吧台等，这也是对空间的一种高效利用。

⊙长达1.8米的大桌子，可以用来看书、喝茶、下棋，足以作为家庭的核心区

（图片：@牛哥的哥）

把光线最好的地方留给大桌子
（图片：@ DearQ_）

若担心空间局促，可以在大桌子的一边放置条凳，不用的时候收进桌下，不影响通行
（图片：@ 大海小燕）

画廊墙：把家变成美术馆

在家里找一面空白墙，布置成如美术馆一般的画廊墙吧！精心挑选合适的相框与装饰画，让这里变成家中最有艺术氛围的角落。

⊙ 画框不一定搭配画芯，旅行途中的纪念品，或者散步捡到的植物标本，都可以放进去做搭配（图片：@白泽）

用几幅精挑细选的画就可以组成属于自己的画廊墙，在附近放置休闲椅，打造惬意的『居心地』

（图片：@听听是天才）

整面墙的布置颇考验搭配功力，同时也让空间显得格外有艺术感

（图片：@汐九）